◆中央高校教育教学改革教材建设专项经费资助◆

U0226944

# 通识物理

## GENERAL PHYSICS

主　编　张加驰

副主编　王得印　徐远丽　李颖弢

兰州大学出版社
LANZHOU UNIVERSITY PRESS

**图书在版编目（ＣＩＰ）数据**

通识物理 / 张加驰主编. -- 兰州 : 兰州大学出版
社，2017.7（2021.1重印）
ISBN 978-7-311-05225-6

Ⅰ．①通… Ⅱ．①张… Ⅲ．①物理学－高等学校－教
材 Ⅳ．①O4

中国版本图书馆CIP数据核字(2017)第195546号

策划编辑 宋 婷
责任编辑 郝可伟 宋 婷
封面设计 陈 文

书　　名 通识物理
作　　者 张加驰 主编
出版发行 兰州大学出版社 （地址：兰州市天水南路222号 730000）
电　　话 0931-8912613(总编办公室) 0931-8617156(营销中心)
　　　　 0931-8914298(读者服务部)
网　　址 http://press.lzu.edu.cn
电子信箱 press@lzu.edu.cn
印　　刷 西安日报社印务中心
开　　本 710 mm×1020 mm 1/16
印　　张 14.5
字　　数 218千
版　　次 2017年8月第1版
印　　次 2021年1月第4次印刷
书　　号 ISBN 978-7-311-05225-6
定　　价 32.00元

# 前　言

　　物理,取自"格物致理",是一门研究物质运动及其基本规律的科学,其研究对象涵盖大至宇宙小至基本粒子的一切物质,是自然科学中最基础的学科。科学是社会发展的第一推动力,而物理的演变不仅引领着科学的发展,还推动着人类文明的进步,比如:工具(力学)的制作和应用,标志着区别于猿猴的人类的诞生;蒸汽机(热学)的发明推动了人类改造世界能力的飞跃;而现在信息网络技术(电磁学)的发展又引领着新的社会变革。不仅过去,人类的将来也在很大程度上依赖于物理的发展和应用,所以我们必须重视科学,尤其重视对物理的学习。

　　在人类最早的科学体系中,并没有今天这样细致的学科划分,所有自然科学都属于哲学,不仅牛顿的名著《自然哲学的数学原理》与哲学有关,当时很多科学家本身也都是哲学家。所以,包括物理在内的自然科学与人文科学本来就有悠久的历史渊源,文理两种科学文化也应该是相连相通的。遗憾的是,在很长的时间里,人们把自然科学与人文科学分裂和对立起来:理工科学生不学语文、历史和艺术,人文学科学生则不学物理、化学和生物。这样分科学习的后果就是大学生普遍存在一定的知识缺漏,缺乏创新能力和认知视野,这也极大地禁锢了自身专业的发展。现实告诉我们,要改善和提高大学生的基本素质,不仅要"专",还需要"博",也就是要有广阔的视野和知识面。因此,理工科学生必须学习一些文科课程,而人文学科学生也应该学习一些理科课程。作为自然科学中,与人类生活最息息相关,知识逻辑也最直观理性的物理,就成为人文学科大学生培养理性思维习惯,提高基本科学素养的最佳选择。

从学习效果看,理工科学生学习文科课程的积极性很高,收获也大;但人文学科学生学习物理的情况却不如人意,其主要原因在于:一方面,人文学科学生不具备基本的理性思维和科学素质,所以学习物理的难度较高;另一方面,现有人文类物理课程的教学没有脱离传统专业教学模式。目前,市面上的人文类物理教材大多由成名已久的物理大师编撰,内容和讲解当然都十分经典,但仍然沿用了理工类物理书籍"注重数学推导和计算实例"的模式,这对于数学基础较差的人文学科学生而言实在是太难了,也没有必要。所以,学生不仅缺乏学习兴趣,也很难学懂。另一方面,少部分教材又矫枉过正,完全放弃基本的物理内容和数学计算,过分注重科普和科学家的故事,这又偏离了物理作为一门通识课程的教学初衷。因此,目前我们亟需编撰一本专门针对人文学科学生的理科基础、学习习惯、思维方式以及学习目标,同时还要符合通识素质教育目标的新物理教材。

本书在系统、完整的大学物理框架下,选取适合人文学科学生学习的知识内容,以"导出物理概念及定律→分析讨论及实验验证→解释生活中的常见现象"为思路进行编撰。内容弱化数学推导和计算,特别注重物理知识的实际应用和生活联系,并辅以海量的经典实例和演示实验来帮助学生理解物理概念和定律。本书的文字幽默风趣、通俗易懂,所有物理知识点和经典物理事件都配以生动形象的漫画,能显著提升学生的学习兴趣,增进学生对物理知识的直观认识,并有效培养学生的理性思维习惯和基本科学素质。因此,本书是人文学科学生及普通社会人群学习物理、读懂物理的最佳通识读本。同时,本书在文字和漫画方面的艺术个性也体现出较好的收藏价值。

本书由兰州大学张加驰博士任主编,王得印博士、徐远丽博士、李颖羿博士任副主编。其中,第1章、第2章、第3章、第4章由张加驰和徐远丽共同编写;第5章、第6章、第7章、第8章由张加驰和王得印共同编写;第9章、第10章和第11章由张加驰和李颖羿共同编写。全书由张加驰、王得印、徐远丽、李颖羿共同修订并统稿。在本书的编撰过程中,兰州大学物理学院的高崇伊教授、刘肃教授、谢二庆教授曾为本书提供了很多素材和帮助,并对本书的风格和内容提出了许多宝贵的意见,艺术学院的徐子超老师则为本书的配图做了大量工作,在此向他们表示深深的敬意和感谢。本书的出版还得到了兰州大学教材建设基金的资助和兰州大学出版社的大力支持,在此深表感谢。

　　为了帮助使用本书教学的师生取得更好的教学效果,本书还配套了完全免费共享的网络慕课,包含本书所涉及的所有教学视频、多媒体课件、课后作业、自测考试题库、主题讨论论坛、Flash动画等丰富的教学资源。本书的所有编者及众多助教也会根据课程日历实时在线参与网络教学和辅导答疑。本书的网络慕课由兰州大学慕课网(http://lzdxmooc.kfkc.webtrn.cn)支持建设,可以给使用本书教学和学习的师生提供一个网上交流、学习的开放平台。

　　书中错误之处在所难免,欢迎广大读者批评指正。

编　者

2017年6月

# 目　录

# 第1章　牛顿经典力学

## 1.1　牛顿经典力学的开创背景

物理学是一门自然科学,其实早期的自然科学是从哲学中分离出来的,而物理学则最早是从天文学中分离出来的。在过去,人类对天文学研究的目的在于了解权威神灵的意志,但后期则逐渐转向对天体运行规律的研究,这使得人类对天文研究的重点从宗教范畴中脱离出来,开始形成一些近代自然科学的雏形。对物理学科而言,人类对天体运行规律的认识过程几乎就是牛顿经典力学的开创过程,在这一过程中,诞生了诸如开普勒行星运动定律、万有引力定律以及牛顿运动定律等伟大的物理定律。而这个激动人心过程的开端就是哥白尼在16世纪提出的"日心说",其不仅是西方自然科学的启蒙,也由此正式揭开了牛顿经典力学的发展序幕。然而,在"日心说"之前,人类对地球和其他天体运行规律的认识,却都是以"地心说"为依据的。因此,要很好地了解牛顿经典力学的开创过程,就必须从了解古老的"地心说"开始。

### 1.1.1　地心说

从很早的时候开始,人类中的智者就在思考一些重要的问题,比如:地球在宇宙中所处的位置、日月星辰为什么总是东升西落等等,他们通过观察和经验,并结合一些神灵意识,逐渐形成了一些早期的天文学理论。需要特别强调的是:这些天文学理论虽然存在很多错误,但大多并非迷信和想象,而是科学观察和研究的结果。

公元前400多年,古希腊哲学家柏拉图根据对日月星辰做环绕运动的直观认识,给他的学生们提出了一个问题:是否能用匀速圆周运动的组合去描绘所有天体的运行轨迹?针对这个问题,柏拉图的学生欧多克斯第一个致力于建立一个宇宙的几何模型,他开始尝试用以地球为中心的同心球壳来解释附着于球壳上的天体运动。欧多克斯的研究成果虽然很有限,但这个"同心球壳"的创意却很好地启发了著名古希腊哲学家亚里士多德。公元前300多年,亚里士多德系统地提出了"地心说"的设想,他认为:宇宙是一个有限的球体,地球位于宇宙的中心,包括太阳和月亮在内的其他天体都在各自的天球轨道上,围绕着地球做匀速圆周运动。地球之外有9个等距天层,由里到外的排列次序是:月球天、水星天、金星天、太阳天、火星天、木星天、土星天、恒星天和原动天,此外空无一物。而且亚里士多德认为天体自己是不会运动的,在九重天球的顶层"原动天",住着一位神灵般的"第一推动者",也就是后来教会所宣扬的"上帝",如图1.1所示,正是上帝推动着所有天体围绕地球旋转。当然,上帝的形象和名称并不是亚里士多德提出的,但在当时,亚里士多德的地心说宇宙模型还是为教会有关"上帝创造人类"的宗教教义提供了充分的"科学"依据。不仅如此,亚里士多德还把我们的世界分为"月下世界"和"月上世界"。就像在中世纪油画作品中表现的那样,凡人生活在肮脏、世俗

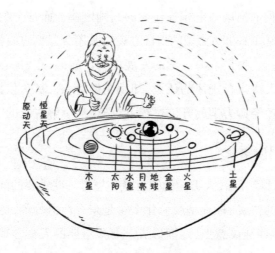

图1.1 亚里士多德的"九重天"宇宙模型

的"月下世界",而神灵则居住在神秘、高贵,并且充满"以太"的"月上世界"。这样的神学观点为教会的权威找到了理论支持,因而符合教会的宗教利益,并最终被教会所利用,当然这并非亚里士多德的本意。

公元140年,古希腊著名学者托勒密总结了前人在过去400年间的成果,发表了他的13卷巨著《天文学大成》,在书中他进一步完善了亚里士多德的设想,提出了形态比较完整的"地心说"(有人也据此认为托勒密才是地心说的提出者)。在当时,地心说不仅由学术权威提出,还符合人们对日月星辰从东方升起、西方落下的直观体验,同时还与教会的宗教教义契合,因此在当时得到了教会的支持和守护,并被人们广泛认可。然而,地心说很快就面临了重大的理论挑战。如前面所述,地心说假设所有的天体都绕地球做匀速圆周运动,所以理论上天体应永远和地球保持同一距离。可是人们在实际的天文观测中发现:行星的亮度会发生变化,日食有时是全食有时是环食,再比如很多天体(火星)的运行都有一种忽前忽后、时快时慢的现象。这些现象充分说明天体到地球的距离是不断变动的,而这与地心说的匀速圆周运动理论产生了矛盾。为了解决这个问题,托勒密提出了一个牵强附会的"本轮均轮"学说,如图1.2所示:他将天体绕地球公转的轨道称为"均轮",并在每个均轮上又为天体设计了运动的"本轮"。这样一来,每个天体在沿着均轮做绕地公转运动的同时,还会像卫星一样绕着均轮上一个移动的中心(也就是本轮中心)做旋

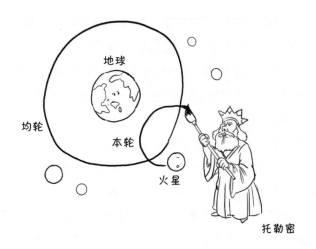

图1.2　托勒密的本轮均轮学说

转运动,从而给人们一种错觉:虽然从均轮中心的地球看来,天体会出现忽前忽后、时快时慢的现象,但在本轮中心看来,天体仍然在做匀速圆周运动。这个设计虽然十分复杂,但却巧妙地解释了地球上所看到天体出现忽前忽后现象的原因,这不仅弥补了地心说的一些理论漏洞,还令人更加信服,地心说也由此流传长达1300多年。

地心说作为人类世界第一个完善的宇宙模型,尽管其"地球是宇宙中心"的基本观点就是错误的,但它的历史功绩不应抹杀。地心说的进步性主要体现在两个方面:首先,地心说认为地球是"球形"的,并区分了行星和恒星,还着眼于探索和揭示行星的运动规律,这标志着人类对宇宙认识的一大进步。其次,地心说运用数学工具来计算行星的运行轨迹,不仅亚里士多德首次提出了"天球轨道"的概念,托勒密还设计出了"本轮均轮"。这使得人们能够对行星的运动和位置进行定量计算,从而帮助人们在一定程度上预测天象,所以在人类的生产实践中也起过一定的积极作用。

### 1.1.2　日心说

自亚里士多德开始,地心说在人类世界逐渐广为流传。但是,贫瘠的土壤并不能长出苗壮的树苗。刚开始,托勒密等人通过人为地规定本轮、均轮的大小及行星运行速度,才使地心说模型和实测结果取得一致。但是,到了中世纪后期,随着观察仪器的不断改进,行星运动轨迹和位置的测量越来越精确,人们发现行星的实际位置与地心说模型存在较大的偏差,添加更多的本轮暂时可以解决问题,但随着需要添加的本轮数量越来越多(最多超过80个),地心说模型变得越来越复杂,不仅漏洞百出,还基本处于即将崩溃状态。

这时,很多人意识到,对地心说的修补工作已经失去了意义,创建新的宇宙模型显得十分必要。终于,就在这样鼓噪的土壤里,一个导火索式的人物出现了,他就是1473年出生于波兰一个富商家庭的尼古拉·哥白尼,正是哥白尼提出了"日心说"的新宇宙模型。不过,日心说的提出在当时并非偶然,而是有着独特的时代、历史、哲学和科学四大根源。

在16世纪前后,欧洲人完成了一系列对世界历史产生重大影响的航行,哥伦布首先做出了地理大发现,而麦哲伦的船队则第一次实现了环球航行(麦哲伦本人死于菲律宾)。这些航行不仅极大地开阔了人类的视野,也很好地促进了不同文明间文化的传播与交流,更用实践证明了地球是球形的。与此同时,在思想方面,中世纪的欧洲长期处于教会的黑暗统治之下,而大航海带来了激烈的文化碰撞和思想交锋,并导致了欧洲文艺复兴运动的兴起。从这一时期开始,人们终于跳出中世纪艺术和思想的圈子,不再专注于权威、呆板的神灵和君主,而是更加注重普通人的内心。思想的解放和对自由、正义的追求,都强烈地呼唤着新社会和新世界观的诞生。而真正解除欧洲宗教对自然科学发展束缚的事件则是16世纪发生的"宗教改革"。在16世纪前,《圣经》是用拉丁文写的,一般人都看不懂,教会则利用这点曲解《圣经》,向人们兜售"赎罪卷"。他们谎称只要购买了"赎罪卷",就可在上帝面前赎罪,死后也会进入天堂。1517年,德国青年学者马丁·路德在学会拉丁文后,发现"赎罪卷"的内容并非赎罪,购买"赎罪卷"只能喂肥教会。于是,马丁·路德在一气之下写出95条指控(《九十五条论纲》)贴在教堂外,他愤怒的指控犹如晴空惊雷一般引起了剧烈的社会震荡,不仅直接导致了16世纪欧洲的宗教战争、分裂和改革,还彻底打破了人们对教会和上帝的迷信,从而消除了禁锢自然科学发展的最后一块思想屏障。

**图1.3　毕达哥拉斯讲述"中心火"宇宙模型**

波兰人哥白尼就是在这样激荡飞扬的时代背景下成长起来的。大学毕业后,哥白尼利用自己作为医生和神父的优越社会经济地位,对天文学进行了几十年如一日的深入钻研,积累了大量客观、准确的天文观测数据,这成为日心说提出的科学根源。在研究中,哥白尼发现地心说不仅复杂混乱而且漏洞百出。这时,哥白尼突然想到,在1700年前的古希腊,天文学家阿里斯塔克曾凭借灵感提出过一个类似"太阳位于宇宙中心"的猜想。虽然这个猜想没有详细的讨论和依据,在学术上毫无用处,但还是成为启发哥白尼日心说的历史根源。与此同时,哥白尼还想到另一位古希腊哲学家毕达哥拉斯在公元前500多年也曾提到过一个富有启发性的"中心火"模型。毕达哥拉斯从哲学的角度认为"火"是世界上最圣洁的东西(如图1.3所示),包括人在内的世间万物都是围绕着火而分布的,所以火应该位于宇宙的中心。而太阳看起来就很像火,所以中心火的设想成为哥白尼日心说的哲学根源。

图1.4　哥白尼提出日心说

在两位前人智者的思想启发下,哥白尼终于意识到:只要把地球从宇宙的中心移开,把太阳放到宇宙的中心,一切就会变得简单、清晰而准确了,也就是"日心说"(图1.4)。就这样,经过长期、反复的思考,所有天体都绕太阳旋转的日心说模型,在哥白尼的头脑中逐渐成熟。然而,地心说在当时代表着教会的权威,因为害怕宗教迫害,哥白尼不仅在自己的宇宙模型中保留了上帝居住的"原动天",还直到临逝前(1543年)才把日心说的观点和理论通过自己的著作《天体运行论》予以出版公布。为了讨好教会,《天体运行论》的前言中还写道:"把此书献给最神圣的教主——保罗三世教皇陛下。"哥白尼的心机在初期迷惑了教会,使《天体运行论》得以顺利地出版和传播。但是很快,教会就从哥白尼散布的迷雾中清醒过来,日心说的支持者开始受到教会的疯狂围剿,《天体运行论》也被视为禁书,一律收集焚毁。不仅保守的罗马教廷,一些标榜革新的新教也不能容忍日心说,宗教改革的领袖马丁·路德就曾激烈地表示:"谁敢把哥白尼置于权威的圣灵之上?"(图1.5)

图1.5　哥白尼的日心说和《天体运行论》受到教会的围剿

　　就在这最黑暗的时刻,意大利青年学者布鲁诺勇敢地站出来为日心说辩护。如图1.6所示,他不仅赞同和宣扬日心说,还进一步认为宇宙根本就是无限的,并否认了"原动天"和上帝的存在。而这些新观点,不仅从学术上清除了"上帝"生存的空间(没有上帝居住的原动天,自然也就没有上帝),还从宗教教义上动摇了教会权威性的理论基础(宇宙是无限的,上帝没有控制力),这当然引起了教会的极大恐惧和愤怒。1600年2月17日,52岁的布鲁诺被教会逮捕,并被处以残酷的火刑。临刑前,罗马教廷再次劝他忏悔,并说明只要忏悔就可以免死,但布鲁诺毫不理会,勇敢地走向了罗马鲜花广场上的火堆,并宣称:"我走向火堆,但你们比我更恐惧。"布鲁诺虽然为科学和真理献出了宝贵的生命,但人们永远记住了他的观点。300年后,布鲁诺用生命所捍卫的日心说终于得到了世人的公认,他的学说和精神则像熊熊燃烧的火堆,永远照耀着后人前行。

图1.6　布鲁诺用生命捍卫日心说

日心说的提出具有重要的科学和历史意义。一方面,日心说模型根据相对运动的原理,成功解释了行星的实际运行规律,大大简化了对宇宙结构的描述:比如太阳的东升西落并不是太阳绕地球转,而是地球的自转造成的。另一方面,在中世纪末期的欧洲,地心说早已被宗教统治者视为教义的理论支柱,因此,日心说不仅对教会权威提出了挑战,从根本上动摇了"人类中心论"等不可冒犯的宗教教义,还促使自然科学从神学中解放出来。然而,由于时代的局限,哥白尼的日心说并不完善,也有错误,比如:太阳其实并非宇宙的中心,而只是太阳系的中心;同时,日心说沿用了行星在圆形轨道上做匀速圆周运动的旧观念,实际上行星的轨道是椭圆,运动速度的大小也并不是恒定的。当然,这些瑕疵并不能掩盖日心说的伟大,日心说的开创性工作激起了其他学者对行星运行规律的探索热情,并使人类最终掌握了正确的行星运行规律,以及其中所蕴含的深刻的科学定律。

### 1.1.3　开普勒行星运动定律

在16世纪,哥白尼的日心说首次揭示了太阳系内行星的位置和其做绕日运动的基本事实。然而,日心说并没有说明各颗行星的绕日运动是否有什么规律,太阳和所有的行星是否构成了一个完整的体系。所以,这一时期的科学家们所需要完成的首要工作,就是精确测量行星的位置,并探索行星的绕日运行规律,以及太阳系内行星运动的系统性。

在16世纪前,人们只能用肉眼来直接观察天象,这在很大程度上限制了天文学的发展,这种糟糕的情况一直延续到天文望远镜的出现。1564年,著名科学先驱伽利略诞生于意大利的比萨。伽利略从小就对天文和物理感兴趣,他设计并制造了世界上最早的天文望远镜,如图1.7所示,用来观察和记录天体的运行规律。透过天文望远镜,伽利略惊讶地发现月亮的表面凹凸不平,太阳的表面居然还有斑点。现在我们已经知道:月亮表面的凹凸不平主要源自陨石撞击所形成的环形山,而太阳上的斑点则源自强磁低温区的太阳黑子。这些都是伟大的发现,但在当时,由于伽利略的发现使得上帝创造的天体不再是绝对神圣的,所以伽利略在很长一段时间里受到宗教迫害,尤其在1633年(69岁时)被罗马教廷判处终身监禁。虽然过程较为曲折,但天文望远镜的出现还是极大地促进了人类对天体运行规律的认识过程,而这也成为后来人们能做出重大天文观测成就的一个重要前提。

图1.7　伽利略发明了世界上第一台天文望远镜

在17世纪,丹麦科学家第谷在天体观测方面获得了不少成就,因此被人们称为"星子之王"。第谷在1601年去世后,留下了耗费自己毕生精力所积攒的大量天文观测数据。而根据第谷的遗愿,他的助手开普勒则利用这些宝贵的资料,开始尝试进行星图的编制。然而,开普勒在工作的伊始便遇到了困难,按照正圆来编制火星运行轨迹一直行不通,火星这个"狡猾的家伙"总不听指挥,老爱越轨。经过长期、细致而复杂的计算后,开普勒终于发现:如果火星运行的轨道不是正圆,而是椭圆,那么矛盾就烟消云散了。由此,开普勒提出了第一条行星运动定律："行星绕日运动的轨道是椭圆,而太阳位于椭圆的一个焦点上",这就是"开普勒第一定律",又叫作"轨道定律"。当开普勒继续研究时,"诡谲多端"的火星又将他骗了。原来,开普勒和前人都把行星运动当作等速运动来研究,他按照这一方法苦苦计算了一年,却仍得不到与火星实际轨道一致的计算结果。直到后来,开普勒才发现,火星在椭圆轨道上的运行速度其实并不是常数,而是"在相等时间间隔内,行星与太阳的连线所扫过的面积相等",这就是"开普勒第二定律"(图1.8),又叫"面积定律"。1609年,开普勒把这两个重要的定律分别通过《新天文学》一书和《论火星运动》一文公布于世。

图1.8　开普勒与行星运动定律

虽然取得了巨大的成就,但开普勒并不满足。他一直认为所有行星的运动应该有统一的关系,所以肯定还存在一个有关所有行星系统的整体性定律。在古人的启示下,开普勒决定从研究行星运动快慢和轨道位置的关系开始,他认真整理了第谷的天文数据和自己的观测结果,把地球的轨道半径 $R$ 和公转周期 $T$ 定义为1,然后把其他行星的轨道数据以地球为标准进行折算,得到了表1.1的数据。开普勒坚信宇宙是和谐的,这些数据之间应该存在某种特殊的联系(数学关系)。于是,在接下来的9年时间里,他把这些数据像做数字游戏一样,夜以继日地通过各式各样的运算反复尝试。终于,在1619年的一个早晨,开普勒偶然地对周期和半径分别做平方和立方处理后,得到了一个全新的表格(表1.2)。从这张表里,我们可以清楚地看出:"行星公转周期的平方正比于轨道半径的立方($T^2 = kR^3$)"。这个奇妙的关系式就是后来发表在《宇宙和谐论》一书中的"开普勒第三定律",也叫"调和定律"。正因为这条伟大定律的发现,开普勒被人们称为"天空立法者"。

表1.1 在做数学处理前的行星轨道周期($T$)与轨道半径($R$)

| 行星 | $T$ | $R$ |
|------|------|------|
| 水星 | 0.241 | 0.387 |
| 金星 | 0.615 | 0.723 |
| 地球 | 1.000 | 1.000 |
| 火星 | 1.881 | 1.524 |
| 木星 | 11.862 | 5.203 |
| 土星 | 29.457 | 9.539 |

表1.2 进行数学处理后的行星轨道周期($T^2$)与轨道半径($R^3$)

| 行星 | $T^2$ | $R^3$ |
|------|------|------|
| 水星 | 0.058 | 0.058 |
| 金星 | 0.378 | 0.378 |
| 地球 | 1.000 | 1.000 |
| 火星 | 3.540 | 3.540 |
| 木星 | 140.700 | 140.700 |
| 土星 | 867.700 | 867.700 |

开普勒行星运动定律的提出具有重要的科学和历史意义。首先,它揭示了行星运动更为准确的科学规律,把哥白尼的日心说体系从匀速圆周运动的桎梏下解放出来,使得日心说更加准确、完整。其次,开普勒行星运动定律对后来牛顿万有引力定律的发现具有奠基性的作用。事实上,天体相互吸引的有心力特征和引力平方反比律已包含在开普勒的运动定律之中了。第三,开普勒行星运动定律消除了行星运动的神秘性。从开普勒起,人们对天文学研究的重点从观察神灵的权威意志,转变为揭示天体运动的科学规律,这不仅意味着经典物理的开创,也标志着物理学终于从天文学中剥离出来,成为一门独立的自然学科。

# 1.2　万有引力定律

## 1.2.1　万有引力

从 16 世纪开始,哥白尼和开普勒先后提出了"日心说"和"行星运动定律",它们都很好地揭示了行星做绕日运动的基本模型和运行规律。然而,行星为什么一定要按照这种奇特的规律围绕太阳运动呢?为了找到正确的答案,许多科学家做出了积极的探索。其实,早在开普勒总结行星运动定律时就曾猜测:行星的绕日运动大概与一种看不见也摸不着的力有关,这种神秘的力类似磁力,就像磁石吸铁一样。但这种力是否与磁力有关?又是否真的存在?这些问题开普勒却无法做出解答和证明。

到了 17 世纪,事情终于迎来了转折。1665 年,严重的鼠疫席卷伦敦,离伦敦不远的剑桥大学也因此停课,23 岁的牛顿只好回到家乡躲避瘟疫。有一天,正在苹果树下沉思的牛顿,突然被一颗从树上掉下来的苹果砸到了头(图 1.9),这个事件很好地启发了牛顿,他开始思考惯性和引力的问题。他首先想到了科学先驱伽利略在 16 世纪就提出的惯性定律:"任何物体总有保持静止或者匀速直线运动的趋势,除非有外力的作用。"在这条惯性定律的基础上,牛顿结合

图 1.9　被苹果砸到头的牛顿开始思考万有引力

被苹果砸头的实例做了进一步思考,他想:既然本来静止且处于惯性状态的苹果会掉落到地上,那么被改变了惯性状态的苹果一定受到了某种外力。而这种既看不见也摸不着的力被牛顿称为"引力",也就是"万有引力"的雏形。

有趣的是,就在同一时期,另一位英国物理学家胡克通过研究彗星轨道在太阳附近会弯曲的现象,在1664年也提出了"太阳引力"的观点。自此开始,牛顿和胡克开始为万有引力的发现权争论不休。后来,牛顿在给胡克的信中曾"谦逊"地写道:"如果我看得更远,那是因为我站在巨人的肩上。"其实,这句话既是牛顿对伽利略等前人工作基础的肯定,也是对身材矮小但与自己有学术争端的胡克的讥讽(图1.10)。中年后的牛顿不是个讨人喜欢的人物,变得傲慢且沽名钓誉,尤其他在与莱姆斯梯德和莱布尼茨的学术争吵中所采用的手段很难让人钦佩。而后来,甚至还有学者认为牛顿被苹果砸到的故事也是虚假的,其目的是用来提早牛顿对万有引力的发现时间,是一个保护牛顿对万有引力发现权的小伎俩。当然,与牛顿的成就相比,他的缺点犹如太阳黑子般渺小,瑕不掩瑜。

**图1.10　牛顿和胡克的"万有引力"发现权之争**

虽然遭受了学术权威的连续打击,然而胡克并不气馁。1679年,胡克从开普勒行星运动定律出发,首先导出了行星所受引力与它到太阳距离的关系式,也就是"引力与距离平方成反比"的结论。很快,牛顿的朋友物理学家哈雷也得到了同样的结果。1685—1686年,牛顿也做出了重大发现,他在一篇叫作"论物体的运动"的论文中提出:"太阳对行星的引力不仅与距离的平方成反比,还应与物体的质量成正比。"这样一来,万有引力定律的数学形式就大体上确定了。在随后的1687年,45岁的牛顿终于在《自然哲学的数学原理》一书中表述了完整的万有引力表达式,并由此正式宣告了"万有引力定律"的提出。万有引力定律的内容是:"两个物体之间存在有万有引力,引力 $F$ 和距离 $R$ 的平方成反比,和两物体质量($M$ 和 $m$)的乘积成正比",其数学表达式如下所示(式1.1):

$$F = G\frac{Mm}{R^2} \tag{1.1}$$

在这里,牛顿不仅给出了万有引力 $F$ 的具体数学形式,还定义了一个常数——万有引力常量 $G$。万有引力常量十分重要,它与光速、普朗克常量和电子电量共同被称为四大物理常量。1789年,英国物理学家卡文迪许通过他所设计的"扭秤实验"(图1.11),巧妙而又较为准确地测出了万有引力常量 $G$ 的大小为 $6.754×10^{-11}$ $m^3·kg^{-1}·s^{-2}$,这个值与 $G$ 现在的公认值 $6.6726×10^{-11}$ $m^3·kg^{-1}·s^{-2}$ 已经十分接近了。甚至直到180年后的1969年,人类对 $G$ 的测量精度还保持在卡文迪许的水平上。就这样,随着卡文迪许完成万有引力常量 $G$ 的测量,万有引力定律的内容终于完成了最后一块拼图。

卡文迪许

**图1.11　卡文迪许通过扭秤实验测量万有引力常量 $G$ 的大小**

### 1.2.2　万有引力理论的检验

在17世纪末,牛顿首先写出了万有引力的数学表达式并提出了完整的万有引力定律。但是,任何物理定律的确立,都必须经由大量科学和生活实践的检验。万有引力定律也是这样,在它刚刚提出的时候,人们更多的是把它作为一个猜想和假设来看待的,正是接下来发生的一系列事件,才逐渐打消了人们对万有引力定律的疑虑。

1682年,一颗明亮的彗星出现在伦敦的夜空中,这引起了英国物理学家哈雷的极大兴趣。哈雷是牛顿的好朋友,在牛顿的建议下,哈雷首次应用万有引力定律和牛顿运动定律计算了这颗彗星的轨道和周期,其结果不仅揭示了这颗彗星是每隔76年就绕行太阳一周的周期性彗星,而且还证实历史上多次出现的彗星其实是同一颗。与此同时,哈雷根据彗星周期还做出了预言:"这颗彗星在76年的周期后,也就是1758年、1834年和1986年还将到访地球"。1759年3月14日,在哈雷去世十几年后,这颗彗星终于通过近日点,再次照耀地球,然而人们没有忘记哈雷的预言,这颗彗星也因此被命名为"哈雷彗星"。由于哈雷是根据万有引力定律来计算彗星周期的,所以这也证实了万有引力定律的正确性。

验证万有引力定律的另一个经典例子则是海王星的发现。从19世纪开始,人们就已经发现天王星的运动轨道很不规则,其实际轨道与万有引力定律算出的结果并不符合,这是万有引力定律有问题吗? 这时,两位年轻人——英国的亚当斯和法国的勒维叶,他们都怀疑这是由一颗未知行星的引力扰动所导致的(图1.12)。因此,他们也利用万有引力定律进行计算,终于获得了这颗未知行星的轨道和可能的位置。然而,由于天文观测条件的限制,亚当斯和勒维叶都没有直接观察到这颗未知行星。1846年,柏林天文台的伽勒根据亚当斯和勒维叶预告的位置,经过多次仔细的观察,终于在与预告偏差不到1度的位置上发现了这颗未知的行星,也就是海王星。海王星的发现,再次支持了万有引力定律的正确性。而随后,在万有引力定律的理论引导下,科学家经过多年的观察,于1930年又找到了另一颗对海王星轨道构成引力扰动的新星,也就是太阳系内的第九颗行星——冥王星。不过有趣的是,冥王星实在是太小了,不仅其质量仅为地球质量的约1/470,而且其体积比月球还要小。所以,在2006年举行的国际天文学大会上,科学家们以压倒性多数的投票结果通过决议,将冥王星重新定义为"矮行星",而非行星。于是,太阳系内的"九大行星"又变回了"八大行星";不过,冥王星虽然被踢出了"行星"的概念范畴,但其仍然在太阳系的范围内。

图1.12　亚当斯和勒维叶通过观察天王星的运行轨迹而预言了一颗未知行星

海王星和冥王星的发现以及哈雷彗星的预言,共同被认为是牛顿万有引力定律的伟大胜利。万有引力定律也成为17世纪自然科学最伟大的成果之一,它不仅第一次揭示了自然界中的一种基本相互作用,是人类认识上的一次飞跃,还打开了牛顿经典力学的大门,对物理学的发展具有深远的影响。如今,牛顿万有引力定律的现代版本——"广义相对论"已成为现代天体物理学和宇宙学分析问题的理论基础,万有引力理论的普适性遍布整个宇宙。就这样,从苹果到月亮,从太阳到宇宙,天上人间,凡是有万有引力参与的一切复杂现象,无不归结到一条简洁的物理定律中。

### 1.2.3　万有引力定律的应用

毫无疑问,万有引力定律的发现,是物理学发展史上具有里程碑意义的一个重大事件。无论是在宇宙漫长的演变过程中,或者在我们的日常生活中,万有引力定律都起着非常重要的作用,对于人类也有很多实际的应用。

首先,宇宙中所有天体的形成和演变,都与万有引力有关,现在我们已经知道:宇宙起源于大约150亿年前的一次大爆炸,在爆炸中产生的各种亚状态粒子,比如夸克、轻子、介子和重子等等,它们正是在万有引力的作用下逐渐聚集在一起形成了原子,并构成了第一批以氢元素和氦元素为主的气体云。

这些气体云又经过约2亿年的时间,通过引力收缩进一步聚集成为大星体,这种收缩还导致大星体内层的温度升高,进而在某个特殊的时刻点燃了氢的热核反应,最终形成了包括太阳在内的众多恒星。恒星的热核反应会产生大量的热量,使粒子向外运动,从而产生排斥作用。正是万有引力的吸引作用与热排斥作用所建立的平衡,才保证了恒星的暂时稳定。然而,当恒星中心的氢元素燃烧完毕后,热核反应就会停止。这时,万有引力又会战胜热排斥作用,恒星开始进一步收缩,并按照 $H \rightarrow He \rightarrow C \rightarrow O \rightarrow Si \rightarrow Fe$ 的顺序引发多轮新的聚变反应,直到铁元素的生成。由于铁元素相当稳定,不能参与聚变并释放出能量,所以这时的恒星已无法抵抗万有引力的塌缩,面临"死亡"。然而,"死亡"并不代表真正的结束,"死亡"的恒星还会根据自身质量的大小进一步演变:其中,质量小于"钱德拉塞卡极限"(1.4个太阳的质量)的恒星将会演变为靠电子的泡利斥力(又叫作"电子简并压力")来抗衡万有引力的白矮星;而超过"钱德拉塞卡极限"的大质量恒星的最后归宿则是超高质量密度的中子星或黑洞。值得注意的是,这些星体在演变过程中,会喷射出一些含有重元素的气体和尘埃,成为星际飘浮物质。接下来,还是在万有引力作用下,这些重元素的气体和尘埃会逐渐聚集成为原始岩石,并通过持续、反复的碰撞和聚集,最终形成各种大小不一的原始岩石星体,这其中就包括我们的地球和月亮。因此,我们可以确定地说:宇宙中一切有质量的物体间,小到粒子、岩石,大到天体、星系,都存在着万有引力的作用;而宇宙漫长的演变历史,实质上也是物质间万有引力的作用过程。

正如我们在前面提到的:如果恒星的质量略微超过"钱德拉塞卡极限",恒星将演变为依靠"中子简并压力"来抵抗万有引力的中子星。但是,如果恒星的质量超过了"奥本海默极限"(3～4个太阳的质量),那么任何斥力作用都无法阻挡使星体坍塌的万有引力,这时星体物质将塌缩到自身的引力半径之内,最终形成"黑洞"。显然,黑洞是一种具有巨大质量的神秘物体,根据万有引力定律,黑洞附近也一定存在巨大的引力作用。可以想象,如果黑洞存在于地球的附近,那它巨大的引力将轻而易举地吞噬人类世界,甚至整个太阳系;在黑洞附近,一切物质甚至连光都无法挣脱引力的束缚,所以黑洞看起来是"黑"的。由于万有引力与物体间的距离有关,所以当任何物体靠近黑洞时,离黑洞较近的一侧会受到较大的引力,而远离黑洞一侧的引力则会相对较小,这种在物体两侧的引力差异化现象将会对物体形成拉伸,也就是"引力潮汐"效应:靠近黑洞的物体会从一端开始被拉扯为细长的原子束,直到被完全吞噬,"引力潮汐"现象很好地体现了万有引力大小与距离的物理关系。直到现在,黑洞的直接观察仍然十分困难,人类目前只能通过观测黑洞周围天体的运动轨迹来间接证实黑洞的存在。另一方面,黑洞的产生和碰撞也会引发壮观的宇宙天文现象,并产生人类可探测级别的辐射线和引力波,从而帮助人类了解宇宙的起源和演变历史。

牛顿

图1.13　牛顿大炮

在万有引力定律的发现过程中,牛顿曾经提出过一个叫作"牛顿大炮"的有趣模型。如图1.13所示,他想象在一座高山上架了一门大炮,并沿着水平方向发射炮弹,由于存在地球对炮弹的万有引力(也就是重力)的作用,可以想象:当炮弹速度较小时,炮弹最终会落到地面,而炮弹的发射速度决定了炮弹的射程。显而易见,牛顿大炮在这种情况下所体现的,正是普通大炮以及中远程弹道导弹的设计原理。另一方面,当牛顿大炮的炮弹速度继续增大到某一特定值的时候,炮弹将像月亮一样绕着地球做圆周运动,而不会落到地面。通过对这种情况的思考,牛顿终于理解了苹果和月亮的区别:原来,虽然苹果和月亮都受到万有引力的作用,但苹果之所以掉落到地上是因为没有足够的速度;而月亮之所以不会掉落到地上,则是因为其绕地球做圆周运动的速度足够大。根据这个想法,牛顿第一次从理论上预见了现代人造地球卫星飞天的可能,而这个能绕地球做圆周运动的特定速度就叫作"宇宙第一速度"。根据万有引力定律和向心力表达式,我们可以计算出宇宙第一速度的值为 7.9 km/s。在人造地球卫星的基础上,如果我们继续增加牛顿大炮的炮弹速度,炮弹的运动轨道将逐渐变为椭圆,直到炮弹的速度增大到另一个特定值,炮弹将最终脱离地球引力的束缚,一去不复返。正是在这个想法的启发下,人类设计并制造了航天飞机、太空船等航天器以及各种太空探测器,而这个能彻底摆脱地球引力束缚,在太阳系内进行星际旅行的特定速度被称为"宇宙第二速度"。而根据万有引力定律和机械能守恒定律,我们同样可以计算出宇宙第二速度的大小为 11.2 km/s。在这里,我们可以进一步地拓展思考:当一个物体的飞行动能大于地球和太阳对该物体的引力势能之和时,那就意味着这个物体能够同时摆脱地球和太阳的引力束缚,最终遨游于茫茫的宇宙空间,这个速度则叫作"宇宙第三速度"。而同样根据万有引力定律和机械能守恒定律,我们可以计算出宇宙第三速度的大小为 16.7 km/s。不过,宇宙第三速度虽然很容易计算,但人类想要真正离开太阳系却十分困难。迄今为止,只有在 1977 年 9 月发射的"旅行者 1 号"太空探测器飞抵了太阳系与星际空间的边界区域。截至 2017 年,"旅行者 1 号"这趟旅程耗费了整整 40 年,距离地球长达 190 亿千米。

除了在宇宙研究和航天领域具有十分广泛的应用,万有引力定律还与我们的日常生活息息相关。坐过旋转飞椅的同学应该知道,如果没有座椅和绳子的束缚力,我们将被重重地甩向空中。同样的道理,正因为万有引力的束缚,我们才能在以 1600 km/h 高速自转的地球表面自由地活动。可以想象,如果有一天万有引力突然消失,那将是多么糟糕的场景。人类对万有引力的应用还包括创造能源,比如潮汐发电。在一些海湾,海水每天有两次涨落现象,这源自太阳和月球对地球的引力变化。潮汐发电与普通水力发电的原理类似,无论涨潮或是退潮,流动的海水都会推动大坝的水轮机旋转,从而带动发电机发电。此外,根据万有引力定律,人们还设计出一些有趣的游戏,比如《愤怒的小鸟(太空版)》,正是在万有引力的帮助下,小鸟能够沿着星球轨道飞行,并击中躲在星球背后的绿猪。

## 1.3　牛顿运动定律

### 1.3.1　牛顿第一定律及应用

从很早的时候开始,人们就开始致力于研究物体运动的原因。公元前300多年,古希腊著名哲学家亚里士多德在描述地心说时,就曾提出:天体自己是不会动的,天体的运动实际上是由作为"第一推动者"的神灵所推动的。这个观点与人们在生活中的直观感受是一致的,因为人们常常觉得:要使一个物体运动,就必须推它或者拉它,也就是需要借助力的作用。于是,根据这类直观经验,亚里士多德进一步总结道:"力是维持物体运动的原因"。虽然这是一个错误的观点,但由于其直观性以及当时亚里士多德的权威学术地位,当时没有人对其产生怀疑。这种错误的情况延续了近2000年,直到意大利著名科学家伽利略的出现,才发生了根本的改变。为了反驳亚里士多德的观点,伽利略提出了一个著名的斜面思维实验:如图1.14所示,一个小球从光滑的斜面滚下后,会滚上另一侧的目标斜面与起始位置等高的地方。但如果减小目标斜面的倾斜度,小球为了滚回起始高度,其滚动的距离将会逐渐增大。当目标斜面完全被放平时,小球将永远不能滚回起始高度,而小球也将会永远运动下去。这种会"永远运动下去"的性质,就是物体的"惯性"。根据这个思维实验,伽利略得到了一个全新结论:"维持物体运动状态的并不是力的作用,而是惯性。"与此同时,伽利略还进一步推演:"沿着平面持续运动的小球,只有遇到外力才会逐渐减速并最终停止。"由此,伽利略又得到一个结论:"力并不是维持物体运动的原因,而是改变物体运动状态的原因。"在这里,伽利略虽然已经说明"小球会由于惯性而永远运动下去",但他并没有阐明这种会永远持续下去的"运动"有什么具体特征。针对这个问题,法国科学家笛卡儿在研究中逐渐意识到"惯性不仅可以维持物体的匀速直线运动,还可以维持静止"。于是,笛卡儿对伽利略的阐述进行了关键性的补充,他明确地指出:那种会永远持续下去的"运动"包括匀速直线运动和静止,其统称为

"惯性运动"。这个时候,伽利略和笛卡儿已经分别表述了"惯性定律"的一些核心内容,所欠缺的只是一条完整物理定律的总结和文字表述,而"惯性定律"的提出也正处在一个"万事俱备,只欠东风"的时间点上。

图1.14　伽利略与斜面实验

在这个重要的时间节点上,牛顿站出来"摘"到了这个"甜美的果子"。1687年,牛顿总结了伽利略和笛卡儿等人的思想和结论,再经过深入和细致的思考,在自己的《自然哲学的数学原理》一书中,第一次把"惯性定律"作为一条基本的物理定律正式提出,也就是"牛顿第一定律",其文字表述是:"一切物体总保持匀速直线运动状态或静止状态,除非有外力迫使它改变这种状态为止。"同时,牛顿还进一步阐明:任何物体都具有保持静止或匀速直线运动状态的性质,这个性质就是"惯性"。"惯性",是任何物体都具有的固有属性。因此,牛顿第一定律也常常被人们叫作"惯性定律"。

牛顿第一定律也广泛存在于我们的日常生活中,比如典型的"抽桌布"实验。我们将桌布铺在一张小台子上,然后在桌布上放置一些餐具,当我们拉住桌布的一边快速抽出时会发现,桌布上的餐具虽然有轻微的晃动,但仍然留在小台子上。这是因为:桌布与餐具间的摩擦力作用在短时间内可以忽略不计,所以即便桌布被抽出,餐具仍然会在惯性的作用下继续保持静止状态,从而留在小台子上。过山车是一个惊险、刺激而又有趣的娱乐设施,过山车通常被拖车拖到高处,然后向下俯冲,利用惯性高速通过各种圆形轨道。可以想象,如果没有重力的限制,过山车甚至可以在惯性作用下径直冲向太空。行车安全也与惯性有关,当我们驾车在路上高速行驶时,如果遇到紧急情况而急刹车,汽车由于惯性作用会继续向前运动,速度快、质量大的卡车会滑行更远的距离,从而很容易造成车辆碰撞、驾驶员被甩出的惨祸。因此,为了行车安全,驾驶员应尽量系好安全带,并避免超速行驶。其实,人在行走时的"摔跤"现象也值得我们应用牛顿第一定律来研究一番。如果我们在走路时踢到门槛或石头,脚就会骤然静止,而身体由于惯性仍然保持向前运动,所以人就会向前扑倒;另一方面,如果我们在走路时踩到香蕉皮,脚就会突然以较快的速度向前滑动,而身体由于惯性仍然保持原来较慢的行走速度,人就会由于身体上下的速度差异而后仰摔倒。所以,随地乱扔垃圾尤其是香蕉皮是非常容易伤及人身安全的不文明行为。利用惯性现象,我们还可以很好地分辨生鸡蛋与熟鸡蛋,方法是:将两个鸡蛋先后旋转起来,其中生鸡蛋旋转两三圈就停下来了,而熟鸡蛋会多转好几圈,这是为什么呢?原来,熟鸡蛋的蛋白、蛋黄和蛋壳融为一体,容易整体一起旋转;但是,生鸡蛋因为各个部分相对较为独立,所以当蛋壳受力旋转时,蛋清和蛋黄仍然由于惯性作用而保持静止;又由于蛋清、蛋黄与蛋壳间存在黏性摩擦作用,又会"拖累"蛋壳的旋转,所以生鸡蛋通常只能旋转两三圈就会很快停下来。

除了以上的一些典型现象,还有很多人们在生活实践中应用物体惯性的实例:比如,飞机向某灾区投放救援物资时,需在到达受灾点前提前投放。还有孩子们喜欢的打水漂游戏、工人将锤柄杵地以套牢松动的锤头、运动员抛出的篮球会继续砸向篮筐、车辆刹车时乘客会向前倾倒、运动员跳远时一般需要助跑、人们用"拍打法"除去衣服上的灰尘、将盆里的水泼出去、摩托车飞跃断桥、洗衣机甩干衣服上的水等等。总之,惯性是物体普遍存在的基本性质,我们只有深入地学习和掌握惯性定律,才能更好地方便我们的生活。

### 1.3.2  牛顿第二定律及应用

牛顿第一定律的提出实际源自牛顿对伽利略和笛卡儿思想的总结,而牛顿第二定律同样源自牛顿对伽利略和笛卡儿结论的反推。1662年,伽利略通过斜面实验就已经发现:"外力是物体发生加速或者减速运动的因素。"而笛卡儿也认为:"如果没有外力,物体要么匀速直线运动,要么静止,不会加、减速。"显而易见,如果根据伽利略和笛卡儿的想法,我们在没有外力的情况,就会得到"惯性定律"。但如果我们假设有外力存在的情况,这就会牵扯出一个外力与运动状态改变程度(也就是加速度)的物理关系,这就是"牛顿第二定律"推导的理论题设。1684年8月,在与好朋友哈雷的讨论中,牛顿仍然从斜面实验出发,最终在惯性定律的基础上反推出了一个全新的物理定律:"在所受外力相同的情况下,物体运动的加速度与物体的质量成反比",也就是"牛顿第二定律",其数学形式如式1.2所示:

$$F = ma \tag{1.2}$$

牛顿第二定律是物理中一个很基础也很有必要的验证性实验,传统的理科验证实验需要测量所受外力、物体质量和运动加速度的大小,并通过计算来验证牛顿第二定律的表达式。但考虑到本书读者的实验条件和学习目的,我们在这里可以用一个大、小车反弹的演示实验来对牛顿第二定律进行感性认识。同时,在本书随后的其他实验中,我们也将把握对物理定律的"感性认识"这一脉络,设计便于直观理解的实验,以尽量避免测量和计算。

我们首先需要准备两辆质量不相同的玩具巴士车(参见本书的慕课视频)。其中,黄色大巴车质量较大,而白色小巴车质量较小,两辆巴士车的中间放置一个小弹簧。我们将两辆巴士车隔着小弹簧用力压紧后再同时释放,会看到:质量较小的白色小巴车会被迅速弹开,而质量较大的黄色大巴车只是轻微挪动,这是为什么呢?原来,弹簧对两辆巴士车的相互作用力大小是完全相同的,但白色小巴车质量较小,所以根据牛顿第二定律,在受到相同外力时,其具有较大的加速度,被迅速弹开;相反,黄色大巴车的质量较大,在外力相同时具有较小的加速度,所以只是轻微挪动。这个实验清楚地验证了:在所受外力相同的情况下,物体运动的加速度与物体的质量成反比,也就是牛顿第二定律的结论。

此外,牛顿第二定律还表明"加速度与质量有关",而加速度又反映了物体惯性状态改变的难易程度,因此我们还可以推导出一个显而易见的新结论:"惯性与质量有关。"一般来说:质量越大的物体惯性越大,其运动状态越难以改变;而质量越小的物体惯性越小,其运动状态越容易改变。就好比:如图1.15所示,我们可以轻易地阻挡一只逃窜的小老鼠,因为它的质量实在是太小了;但遇到冲来的疯狂大野牛,恐怕任何大力士都只有躲避的份了。因为你知道,野牛的惯性实在是太大了,即便搭上性命,你也没有可能使一头野牛停下来。正是因为惯性的大小可以由质量来衡量,所以质量也常常被称为"惯性质量"。

**图1.15  大野牛和小老鼠的惯性**

利用牛顿第二定律,我们不仅可以直接计算出物体运动的加速度,还可以在失重环境下,测量出人体的质量。比如,在"神舟十号"飞船的太空授课中,宇航员王亚平就曾在太空中演示了应用"动力学方程(即牛顿第二定律)"来测量宇航员质量的方法。读者可参考本书的配套慕课视频,其测量过程是:首先让被测宇航员坐在一个装有弹性拉杆的座位上,宇航员拉开弹性拉杆,测得拉力大小$F$;然后宇航员再松开拉杆,使身体在这个拉力$F$的作用下做加速运动,系统会自动测得加速度大小$a$。这时,我们把所测$F$和$a$的大小代入牛顿第二定律($F=ma$),就能轻松地计算出被测宇航员的质量$m$的大小了。

### 1.3.3  牛顿第三定律及应用

17世纪中叶,在研究力与物体运动关系的过程中,碰撞问题逐渐成为很多科学家关心的课题。1665—1666年间,牛顿就致力于研究两个小球间的碰撞问题,并把注意力放在小球间的相互作用上。在这个过程中,牛顿逐渐发现:"当两个小球碰撞时,它们之间会有同样猛烈的压力,使得它们会像碰撞之前那样,向着完全相反的方向离开。"在这里,牛顿已经领悟到了"相互作用力"的三条核心特征:"等大、反向、同一直线。"于是,在小球碰撞特征的启发下,牛顿将物体间相互作用的核心特征进行了整理,并用完整的文字表述总结出了这条"相互作用力定律"，也就是"牛顿第三定律"，其内容是："两个物体之间的作用力和反作用力，总是等大反向，且在同一条直线上。"牛顿第三定律的提出具有重要的科学意义：一方面，牛顿第三定律和第一定律、第二定律共同构成了系统的牛顿运动定律，是分析任何经典力学问题都必须应用到的基本物理规律。另一方面，牛顿第三定律不仅揭示两物体间的相互作用规律，还为解决力学问题，转换研究对象提供了理论基础，拓宽了牛顿运动定律的适用范围，是经典力学不可分割的重要组成部分。

　　牛顿第三定律也广泛存在和应用于我们的日常生活中，并体现出力的相互作用效果，比如：直升机通过螺旋桨的转动，给空气一个作用力并使之向下快速流动。由于牛顿第三定律，空气也会给螺旋桨一个等大向上的反作用力，从而使直升机获得保持在空中飞行的支持力。除了飞行器，在中国传统的龙舟比赛中，运动员用力向后划桨，在给水一个向后作用力的同时，也会获得来自水的反作用力，从而使龙舟向前滑行。游泳也是同样的原理，人们通过向后划水来获得水的反向作用力，以使身体向前运动。田径赛场上，运动员在起跑时常常会用到起跑器，这是因为运动员采用裸脚蹬地时只能获得来自地面斜向上的反作用力，而起跑器则可以将反作用力方向调整为水平向前，从而帮助运动员跑出更好的成绩。有时，反作用力也会带来糟糕的效果。比如，枪手在射击时，子弹在受到巨大作用力向前高速射出的同时，也会给枪械一个猛烈的反作用力，也就是"后坐力"。在反恐精英CS游戏中，我们常常发现：AK-47冲锋枪的后坐力特别强，如果我们连续射击，剧烈的抖动就会使子弹偏离目标，因此有经验的枪手在使用AK-47时只会点射。类似地，重型火炮是名副其实的战场之王，但如果炮手忽视后坐力的影响，那么高速退回的炮管还可能撞击炮手并造成严重的伤害。

图1.16　小明与牛顿第三定律

最后，还有一个与牛顿第三定律有关，而又非常有趣的经典笑话。如图1.16所示，身材瘦小的小明常常被人欺负，有一天，小明又被大胖揍了一顿。小美去安慰小明，没想到小明毫不在意，他得意地说："根据牛顿第三定律，作用力和反作用力是等大反向的，所以大胖打我的同时，也会受到我对他的反作用力，而且大胖打我越狠，等于我打大胖越重，哈哈哈……所以，我不怕，来打我呀。"呃，这话乍一听十分在理，小美虽然十分惊诧，但一时也找不到反驳的理由，虽然总觉得哪里不对劲。那么，亲爱的读者，你们是如何理解小明的话呢？你是否找到问题的关键了？

# 第2章 动量和能量守恒定律

## 2.1 运动之量

### 2.1.1 动量

万有引力定律起源于人们对天体运行规律的探索,而牛顿运动定律则源自人们对作用力和物体运动规律的研究。其实,无论是宏大的天体运行,还是渺小的物体运动,如果人们想要对其进行准确的力学研究,都必须首先了解物体的"运动状态"。因此,在当时的物理学界,如何定义物体的"运动状态"就成为物理学家们亟待解决的一个重要问题。

对于这个问题,其实早在16世纪,欧洲的物理学家们就做出了思考。他们最先想到的是应用"速率"这样一个物理量,因为物体运动的快慢(速率)是人们对物体"运动状态"最直观的考量,所以他们认为:速率可以衡量物体的运动状态,就是物体的"运动之量"。但在实际研究过程中,人们逐渐发现:很多情况下,如果仅仅把"运动的快慢"作为物体的"运动之量",就会在理解上出现困难。比如,在足球比赛中,运动员常常需要用头去顶球,但如果把足球改成同样大小的铅球,也以同样的速率飞来,恐怕就再没有哪个运动员敢去争顶了。这个例子说明:面对理论上具有相同速率(也就是相同"运动状态")的足球和铅球,我们的潜意识就做出了判断。人们会自然而然地认为:即便速率相同,足球和铅球的"运动状态"也绝不可能相同。由此看来,"速率"这个物理量并不是描述物体运动状态的完美量度。可是,这样一个合适的"运动之量"到底是什么呢?

在17世纪的一天,法国物理学家笛卡儿在街上散步,他很偶然地看到一条大狗正在追逐一条小狗。如图2.1所示,大狗体格健壮能跑得很快,小狗身段轻盈但转弯灵活,所以小狗总能逃脱大狗的扑咬。受到狗狗追逐战的启发,笛卡儿突然想道:追逐的狗狗们具有不同的质量,也就是惯性不同;同时有的狗狗跑得快,有的跑得慢,也就是速率不同。笛卡儿由此认为:质量和速率的乘积正好可以反映狗狗的运动要素,因此是一个合适的"运动之量"。随后,根据笛卡儿的想法,牛顿又做了进一步的补充:小狗懂得用急转弯来躲避大狗的扑咬,显而易见,狗狗的"运动之量"还应该包含有方向的要素,因此可以将标量的"速率"改为矢量的"速度"。由此,我们终于得到了一个能很好衡量物体运动快慢、方向和惯性大小的物理量,也就是"质量和速度的乘积"。后来,牛顿在《自然哲学的数学原理》一书中把这个物理量定义为"运动量",简称"动量",用物理符号$p$来表示,其数学表达式为:

$$p = mv \qquad\qquad (2.1)$$

图2.1　狗狗追逐战与动量

### 2.1.2 冲量定理

在牛顿运动定律的学习中,我们已经知道:"力是物体运动状态改变的原因。"而动量既然是物体的"运动之量",可以表示物体的"运动状态",那么力一定能导致物体的"动量"(也就是运动状态)发生改变。可是,力和动量之间的物理关系究竟是怎样的呢? 这个问题也成为物理学家们继解决"运动之量"疑难后,不得不面临的一个新的物理难题。值得注意的是,这个问题虽然起源于牛顿运动定律,但它与动量的"改变量"有关,有始末位置,属于过程量;而牛顿运动定律属于"状态量"定律,比如加速度$a$是瞬时量,与始末位置无关。因此,这个问题应该属于一条新的"过程量"物理定律。

在探讨这条新物理定律的过程中,很多物理学家都举出了不同的实例来分析力与动量改变量的关系。其中,比较有代表性的一个经典例子就是"掉落的鸡蛋"。鸡蛋是常见的营养食品,鸡蛋也很脆弱,如果生鸡蛋落在水泥地板上,你就别想吃它了;但如果地板上有一堆棉花,鸡蛋的命运就会好很多,这是为什么呢? 在这里,我们可以抓住重点,从力和动量改变量关系的角度进行分析。其实,鸡蛋从同一高度掉落,无论其砸到地面上还是棉花上,动量的改变量($\Delta p$)都是相同的;但水泥地面给予鸡蛋更大的瞬间作用力($F$),所以鸡蛋破碎了,而棉花由于"缓冲"作用,给予鸡蛋较小的冲击力,所以鸡蛋能保持完好。在这里,我们其实已经意识到棉花的作用在于"缓冲",也就是延长作用力的时间。由此看来,鸡蛋的不同命运其实决定于作用时间($t$)的长短。此外,这个例子还清楚地表明:作用力$F$、动量改变量$\Delta p$和作用时间$t$三者间,一定存在着一个确定的物理关系。在这个例子的启发下,很多物理学家开始从牛顿第二定律的表达式$F=ma$出发,通过状态量$a$来导入过程量$\Delta p$,终于得到了一个新的物理表达式:

$$F\Delta t = \Delta p \tag{2.2}$$

式子(2.2)的左边部分代表的是作用在物体上的力与作用时间的乘积($F\Delta t$),是力对这个物体的"冲量",用符号$I$表示。这个式子清楚地表明:"合外力的冲量等于物体的动量改变量",这就是"冲量定理"。需要注意的是,冲量是一个矢量,它的方向由力的方向决定;同时,冲量是过程量,反映了力对时间的积累效应。

### 2.1.3 冲量定理的应用

其实,冲量定理的内容单从新概念"冲量"的角度去理解是有一定难度的,但如果我们结合生活实际,还可以得到另外两个由冲量定理所衍生出的结论(如图2.2所示),并衍生出很多有趣的实际应用。

**图2.2　冲量定理的两种理解**

首先,"冲量($I$)"其实就是"力和时间的乘积($F\Delta t$)",也就是力在时间上的积累效应。因此,我们也可以据此将冲量定理改写为:"力在时间上的积累等于物体的动量改变量。"其实,这个表述不仅更容易理解,还常常体现在我们的现实生活中。比如,轮滑运动员在刹车时,阻力在时间上的积累效果会使运动员的动量逐渐减小,并最终静止;起步则刚好相反,运动员在一段时间内的施力效果会使身体的动量逐渐增加;而在转弯时,则是动量的方向在力的作用下随时间发生持续的变化。这个例子很好地说明了:作用时间的长短($\Delta t$)对物体运动状态的改变量($\Delta p$)起着关键作用。在这里,我们还可以结合之前做过的"抽桌布"实验来帮助进一步的理解。当我们快速抽动桌布时,会看到小台子上的餐具由于惯性几乎纹丝不动;但是,如果我们缓慢抽动桌布,则会看到小台子上的餐具也随着桌布缓慢移动,并最终掉落到地上。这真是太奇怪了,难道缓慢抽动桌布时,餐具的惯性消失了? 其实,餐具是否会掉下来除了与"惯性"有关,还与"冲量定理"有关。当我们快速抽动桌布时,桌布与餐具间的摩擦力作用时间很短,餐具受到的摩擦冲量和自身的动量改变量都极小,所以在惯性作用下几乎纹丝不动;但是,当我们缓慢抽动桌布时,桌布和餐具间的摩擦力作用时间将变得足够长,从而使静止的餐具获得较大的动量,最终从小台子上掉落下来。

另一方面,根据冲量定理的数学表达式,我们还能得出这样一个推论:"当动量的改变量$(\Delta p)$恒定时,作用力的大小$(F)$与作用时间的长短$(\Delta t)$成反比"。而这个结论,在我们的日常生活中就更加常见了。比如,高速行驶的汽车之间如果发生碰撞,由于碰撞力的作用时间极短,根据上述冲量定理的推论可知,这种碰撞力会很大,因此很容易对车辆和人员造成严重的伤害。但如果我们据此为车辆装上安全气囊,就可以通过气囊的"缓冲效应"来增加撞击力的作用时间,从而减小撞击力对驾驶员的伤害了。不仅如此,我们还可以在车辆或者船只外侧也装上厚厚的气囊,变成"碰碰车"和"碰碰船",这时车辆和船只的碰撞将不再是一种危险,反而变成了一种充满刺激和乐趣的游戏。同样的道理,在拳击比赛中,运动员常常需要带上厚厚的手套,在业余比赛中甚至还需要带上头罩,就是为了尽量增加拳头与身体的作用时间,以减小瞬间冲击力对运动员的伤害。也正是因为这个原因,没有任何防护装备的职业拳击赛是十分残酷的。当遇到有人跳楼的紧急事件时,消防员常常会铺上厚厚的气垫,这是因为气垫可以增加受害人与地面撞击的作用时间,从而在冲量定理的作用下减小受害人与地面的撞击力,并因此挽救生命。此外,还有生活中常见的很多商品以及水果外包装有泡沫塑料、摩托车头盔里的衬垫等等都是基于这样的道理和原因。

有时,在车辆的安全设计方面,设计师也可能会应用到"冲量定理"。比如某些品牌的汽车设计师通常会注重增加车体的强度,所以这些汽车在发生碰撞后车体一般变形较少,从而保护驾驶员;相反,也有一些品牌的汽车设计师为了节约成本和节油,会用偏轻偏软的材料来制作车辆外壳和主体结构,当车辆发生轻微碰撞时,这类汽车由于车体的塑性变形会增加冲击力的作用时间,所以在一定程度上能减少汽车碰撞造成的冲击力大小,进而减轻车祸对人体的伤害。不过,这种"保护"仅在低速碰撞的情况下有效,当发生高速碰撞时,这类所谓"高性价比"的汽车就很容易解体并可能造成极其严重的后果。比如2015年6月20日,南京闹市区就发生了一次严重车祸,一辆闯红灯的宝马轿车在路口高速撞击一辆马自达轿车后,马自达轿车瞬间完全解体并呈粉碎状,车内一对年轻夫妇当场殒命,而宝马轿车仅仅保险杠受损,其驾驶员没有受伤。当然,这种迥异的撞击效果也与两车的撞击角度以及撞击部位有关,技术细节多有争论,在这里我们仅给出事实,不做详细分析和讨论。

与以上减小作用力大小的例子刚好相反,如果我们想要在一些特殊情况下增加作用力的大小,那我们应该怎么办呢?根据冲量定理推论中"作用力和时间的反比关系",我们显然需要通过增加物体的运动速度,来减小力的作用时间,进而获得较大的作用力和一些意想不到的作用效果。比如,在气功劈砖表演中,气功师通常会用极快的手速劈向砖块,以减小手掌与砖块的作用时间,从而获得最大的劈力。相反,你如果心存胆怯,慢慢、肉肉地下手,那自然不会得到想要的结果。再比如,用锤子使劲压钉子,很难把钉子压入木块;可如果用锤子以一定的速度敲钉子,钉子就很容易进入木块,这是为什么?原来,仅用锤子压钉子时,锤子的动量改变量比较小,同时作用时间又比较长,因此锤子施加在钉子上的作用力比较小,很难把钉子压入木块;而当用锤子敲击钉子时,锤子有较大的速度,则过程中锤子的动量改变量比较大,同时作用时间相对较短,因此施加在钉子上的力会相对比较大,则钉子很容易就进入了木块。

天空是鸟儿的世界,小鸟是美丽的,但小鸟的身体也是十分脆弱的,但如果脆弱的小鸟在天空撞上高速飞行的飞机,由于飞机的飞行速度极大,小鸟与飞机的碰撞时间就会变得很短,从而形成巨大的瞬间撞击力,可能对飞机造成致命的伤害。比如,1962年11月,美国马里兰州上空的一架飞机——"子爵号"正平稳地飞行,突然一声巨响后,飞机坠落,飞机上的人全部遇难。事

图2.3 "冲量定理"武装下的愤怒小鸟

故原因就是：飞机和一只翱翔的天鹅相撞，天鹅变成了"炮弹"，击毁了赫赫有名的"子爵号"。也正因为这个原因，现代机场附近不仅需要通过驱赶飞鸟来"净空"，也要严格禁止"黑飞"等容易引发空难事故的违法行为。不仅在天空，掠过公路的小鸟，也可能对高速行驶的汽车造成损害。正如在著名手机游戏《愤怒的小鸟》中所表现的那样(图 2.3)，在冲量定理的武装下，柔弱的小鸟变成了疯狂的炮弹，终于可以消灭入侵者绿猪，捍卫自己的家园了。

### 2.1.4 动能

17 世纪，在笛卡儿和牛顿提出了"动量"的概念后，人们开始习惯于把动量作为物体运动状态的唯一量度。然而，这种量度的"唯一性"在 17 世纪后期却引发了激烈的争论。1686 年，著名科学家莱布尼茨在冲量定理的基础上想道："力在时间上的积累效果可能无效，比如推不动的箱子(图 2.4)。而对于机械运动，只有力在空间上的积累效果才有意义。"因此，莱布尼茨认为："物体运动状态的量度应该是力对物体在空间上的积累效果。"根据这个想法，莱布尼茨从牛顿第二定律中力的表达式($F = ma$)出发，将力在位移上进行积分运算，得到了 $mv^2$ 这个被他称为"活力"的新物理量。到了 18 世纪，法国科学家科里奥利通过积分运算又将"活力"的表达式修正为式子 2.3 的形式，并称之为"动能($E_k$)"。

$$E_k = \frac{1}{2}mv^2 \tag{2.3}$$

图 2.4 莱布尼茨从推木箱实例引申出"动能"

在当时,关于"运动状态"的量度问题,动量的支持者被称为"笛卡儿学派",而动能的支持者被称为"莱布尼茨学派"。动量和动能的支持者都不认可对方的观点,所以两个学派之间也陷入了一场旷日持久的争论。有趣的是,这个物理问题的争论,不仅物理学家参与其中,也引起了很多哲学家的关注。18—19世纪,法国科学家达兰贝尔和德国哲学家恩格斯先后揭示动量和动能的内在联系,这场有关"运动量度唯一性"的争论才终于逐渐沉寂下来。其实,动量和动能就好比人的身高和腰围,是衡量一个人体型的两方面参数,只是量度的角度不同,两者没有矛盾也不存在谁更好的冲突。就好比选模特(图2.5),身高当然很重要,但如果腰围超标,恐怕穿上衣服也不太好看。同理,动量和动能对于"运动状态"的量度也都是必要的,只在不同的具体问题中才有不同的取舍。现在我们看得更清楚了:动量和动能分别体现了力对物体在时间和空间上的积累效应:一个有方向,一个无方向;它们还是相对独立的,不仅反映运动的两个方面,也具有不同的"过程量"作用定律和"状态量"守恒定律。

腰围和身高一样重要!

图2.5 "动量和动能"的关系与"身高和腰围"类似

既然动量和动能都是物体"运动状态"的量度,那么类似动量的"冲量定理",动能也应该有一条类似的"过程量"作用定理。在这里,法国科学家科里奥利受"动能"推演的启发,他想道:既然力在位移上的积分可以得到动能,那么"力在位移上的积累(也就是功)就等于动能的改变量",这就是"动能定理",其数学表达式可以写为:

$$Fs=\Delta E_k \tag{2.4}$$

由于是科里奥利首先对动能($E_k$)和功($A$)给出了确切的现代物理定义,所以科里奥利也被人们认为是"动能"概念和"动能定理"的提出者。有趣的是,不仅动量和动能这两个物理量相对应,冲量定理和动能定理也具有对应关系;同时,动量和动能在状态量的守恒定律方面也有相对应的内容。而这两条"相对应"的状态量守恒定律,就是我们接下来将要介绍的"动量守恒定律"和"能量守恒定律"。

## 2.2 动量守恒定律

### 2.2.1 动量守恒定律

动量守恒定律是人类最早发现的一条科学守恒定律,它起源于16—17世纪欧洲的哲学家们对宇宙运动的思考。观测周围运动的物体,我们会发现几乎所有的物体,比如飘浮的云层、翻腾的海浪、行走的企鹅、行驶的汽车以及欢快的舞者,它们虽然在动,但最终都会停下来,因此宇宙间运动的总量似乎是在减少的。那么这个宇宙是不是也像这些运动的物体一样,总有一天会停下来呢?可是这样的事情在茫茫的宇宙中并没有发生,这究竟是为什么呢?对于这个问题,哲学家们并没有找到答案,但是物理学家们却发现了端倪,因为他们在思考中逐渐发现到:一个地方或事物的安静,总会伴随另一个地方或事物的活跃,宇宙间运动的总量似乎总是不变的。因此,只要我们能找到一个合适的物理概念来量度物体的运动,就可能看到"运动的总量是守恒的"(图2.6)。而到了17世纪末,重大的理论突破终于出现,牛顿首次定义了物体运动的量度——"动量",这也让人们自然而然地想到宇宙间"动量"的总量可能是守恒的,而这就是早期"动量守恒定律"的意识雏形。

图2.6　宇宙间的"运动总量"是不变的

　　当然,源于哲学问题的"科学理论"只能算作一种猜想,而"动量守恒定律"真正的科学定义其实源自人们对碰撞现象的研究。碰撞模型对于经典力学的发展至关重要,牛顿对碰撞现象的研究直接导致了牛顿第三定律的诞生,而荷兰人惠更斯和法国人笛卡儿对碰撞现象的研究则启发了"动量守恒定律"的提出。碰撞现象是物体间相互作用最直接的一种形式,最早在学术界建立"碰撞理论"的是笛卡儿,他在自己的《哲学原理》一书中总结了七条直观的碰撞规律,并首先提出了"动量具有守恒性"的猜想,为后来的科学家继续探索打下了很好的基础。惠更斯对笛卡儿的"碰撞理论"产生了浓厚的兴趣,他通过对碰撞问题的实验和理论研究,于1668年发表了一篇《关于碰撞对物体运动的影响》的论文,第一次描述了动量守恒的关系。在这里,擅长实验研究的惠更斯提到了一个经典的"雪地碰撞"模型。如图2.7所示,两个人穿着冰刀鞋静止在冰面上,这时他们的总动量为零;其中一个人用力推一下对方,则两个人都会向着相反的方向滑离,两个原本静止的人都具有了动量,从无到有,这多出来的动量来自"上帝"吗?原来,两个人间相互的推力属于两人所组成系统的"内力",虽然内力会使他们获得动量,但各自的动量方向相反,两个人作为一个系统的总动量仍然为零。当然了,如果在滑离过程中有人突然碰到石头摔倒,这时系统的总动量将不再守恒。因为石头作为两个人之外的第三者,其对人的作用力已经属于外力。在这个例子中,惠更斯带给我们两个重要的发现:首先,系统动量守恒的前提是外力为零,而非内力;其次,守恒的是系统动量的矢量和,而非动量的绝对值。

**图 2.7　"雪地碰撞"模型中的动量守恒**

虽然笛卡儿和惠更斯都对"动量守恒定律"的创建做出了开创性的贡献，但他们都没有给出科学、完整的文字表述。不过，他们的工作还是很好地启发了其他人，后来经过好几代科学家的共同完善，人们最终总结出了"动量守恒定律"的内容，只是现在已经无法说清究竟谁才是"动量守恒定律"的提出者了。"动量守恒定律"的内容是："当系统的合外力为零时，系统的总动量不变。"当合外力为零时，其数学形式为：$\Delta p = 0$。

现在，我们还可以尝试从其他角度来理解动量守恒定律，一个典型的视角便是"对称性"。我们早已知道，物理学中很多规律往往与物理系统的对称性有关，比如元素周期律的产生与电子和原子核库仑作用的球对称性有关。类似地，从理论物理的高度来看，动量守恒定律与惯性参考系的"空间平移对称性"有关，可以由"空间平移对称性"直接推出。比如我们将一个物理系统在空间平移任意一段位移后，会发现它的物理性质完全不变，就好像是对称的一样，这个事实就叫作"空间平移对称性"。显而易见，由于宇宙空间各点平移后的物理性质不变，那么各点的速度也不变，而"孤立系统的质心速度不变"恰好就是"动量守恒定律"的核心内容。因为，孤立系统不受外力，所以其各部分之间会由于内力而发生动量的变化，但作为一个系统其总动量不变。而质心就是体现"系统"的要素，所以质心的速度守恒，也就意味着孤立系统的动量守恒。这种理解非常简单，但会产生一些可怕的场景，比如：由于空间平移对称性，所以可以想象在宇宙中与地球"对称"的某个地方，很可能存在另一个地球，当然也包括另一个中国和另一个兰州大学，说不定还有另一个张老师也在写一本《通识物理》……这样大胆的推论令人不寒而栗。事实上,根据爱因斯坦相对论的观点,宇宙在空间上的有限性以及物质分布的不均匀性使它不可能处处等价,所以这种"对称性"只具有相对意义,比如:中国诞生了一个秦始皇,欧洲出现了一个亚历山大大帝,而蒙古则产生了一个成吉思汗,他们虽然都堪称"千古一帝",但又都有各自的个体特征,这实际上就体现了宏观对称性中的个体差异化;类似地,如果宇宙中还存在另一个地球,那么理论上它应该也会有一些差别。有趣的是,这些思想已经在现代宇宙学、固体物理学和介观物理学中得到了应用和证实。

### 2.2.2　动量守恒定律的应用

动量守恒定律不仅是人类所发现的第一条科学守恒定律,也是自然界中最重要、最普遍的定律之一,它既适用于宏观物体,也适用于微观粒子;既适用于低速运动物体,也适用于高速运动物体,还是一个广泛地存在于我们的日常生活中的实验规律。

动量守恒定律在生活中最常见的实例当属反冲现象。"原来静止的系统,当其中一部分运动时,另一部分向相反的方向运动",这就叫作反冲运动,这种现象即为反冲现象。比如,小孩子都特别喜欢喷气小车这种玩具。当鼓起的气球和小车一起处于静止状态时,系统总动量为零;当我们松开气球的气塞后,球内空气在球皮的压力下获得向后喷出的动量,而小车则因为反作用力而获得向前的动量。但作为一个系统,这两部分动量不仅矢量方向相反,而且大小也刚好相等,所以喷出的气体和运动小车的总动量仍然为零。除了喷气小车,在海洋中,聪明的水母也会利用向后喷射水流,使身体获得向前运动的动量;而乌贼在高速逃离时,甚至还会喷你一脸的墨汁。在水母和乌贼反冲运动的启发下,人们设计了喷气飞行背包,在高速喷出的气流的支撑下,人类也可以在天空自由飞翔了。不仅在地球上,在失重的太空,反冲飞行背包也是宇航员进行太空行走的重要装备,宇航员通过控制背包的喷气方向,使身体获得反向的运动动量,从而在失重的太空中来去自如。

火箭的发射也与反冲现象有关,原本静止在地面的火箭必须不断向下喷射气流,使火箭获得能克服重力冲量的动量。在这里,我们可以建立火箭($M$)和气流($m$)的动量守恒表达式:"$Mv=mu$",从这个式子可以看出:如果火箭要想获得较大的速度($v$),那就需要增加气流的喷射速度($u$),减小自身质量($M$),并增加喷射质量($m$)。但是,火箭气流的喷射速度($u$)有一定的理论限值($u_{max}$= 4000 m/s),所以如果我们想要获得更大的火箭发射速度,就只能在自身质量和喷射质量上下功夫。对此,苏联科学家齐奥尔科夫斯基提出了多级火箭的设计概念,当第一级火箭的燃料用完后,就把箭体向下弹射抛弃,在减小$M$的同时增加$m$;然后第二级再开始工作,这样一级一级地连起来,理论上火箭的速度($v$)可以提高很多。在美国的好莱坞科幻大片《星际穿越》中,也有看似费解但与多级火箭的设计原理(动量守恒定律)相似的一幕。当时,一艘人类飞船不慎进入了黑洞的范围,即将被黑洞吞噬。这时,男主角库伯为了帮助女主角艾米莉亚逃离黑洞,在自己的船舱用完燃料后与主飞船进行了弹射分离,用弹射自己船舱的动量来拯救飞船和爱人。在这里,库伯应用到的就是多级火箭的发射原理,库伯对动量守恒定律的理解十分深刻,以至于他在向爱人告别时说道:"如果想要离开,总要留下点什么。"这句话从哲学上看,让人感觉十分"和谐",正所谓"有得必有失"。可是,同学们是否真的能理解库伯这句话的科学含义吗?当然,我们必须强调,在黑洞的边界范围内连光都无法逃脱,所以实际上《星际穿越》中有关"逃离黑洞"的题设本身就是一个假命题。不过,从更宏观的角度看,引力的作用无处不在,即便地球或许也正受到某个黑洞的引力,但地球为什么没有被吞噬呢?原因在于地球离黑洞太远,黑洞的引力已经远远小于太阳的引力,所以地球才不会"主动奔向"遥远的黑洞。

牛顿

图2.8 牛顿摆

　　除了反冲现象,动量守恒定律在生活中的另一种常见表现形式则是碰撞现象。牛顿摆就是一个典型的碰撞模型(图2.8),当用一个摆球进行撞击时,在这个摆球停止的同时会在牛顿摆的另一侧也弹起一个摆球。而当用多颗摆球进行撞击时,另一侧弹起的摆球数量也总和撞击球的数量相同,以保持系统的总动量守恒。在没有阻力和能量损失的理想环境下,牛顿摆的碰撞会以动量交换的形式一直持续,这种碰撞叫作"完全弹性碰撞"。然而在现实中,牛顿摆的摆球弹起幅度总会因为阻力和能耗而越来越小,这种碰撞叫作"非完全弹性碰撞"。如果两个物体在发生碰撞之后结合在一起,这时系统虽然还是保持总动量守恒,但系统的能量损失将最大,这种情况则叫作"完全非弹性碰撞"。在激烈的战场上,子弹横飞,不断有士兵中弹受伤。医疗兵则需要尽快判断伤员的受伤程度,以便安排急救。如果一名士兵被子弹击中,且子弹留在体内,这将属于能量损失最大的完全非弹性碰撞。因此相对于被子弹贯穿的情况,子弹留在体内的士兵的伤势会更加严重,所以应该优先急救。在台球比赛中也有类似的应用,有时为了控制母球(白球)的走位,我们常常需要在打落彩球的同时,使母球骤然停顿。这时,有经验的球手就会适当加大力度,通过增加球的碰撞力,来创造一次近似的完全弹性碰撞,以实现"刹车球"的效果(请参见本书配套慕课视频)。

# 2.3　能量守恒定律

## 2.3.1　能量守恒定律

　　现在我们已经知道:动量和动能是从不同的角度来描述物体的运动状态,都可以作为物体运动的量度。另一方面,既然动量具有一个守恒定律,那么动能这样一个"运动之量"也应该具有一个守恒定律。然而,从19世纪开始,人们不仅发现动能的本质其实是一种能量,还发现了越来越多的其他能量形式,尤其是各种能量形式及个体间还可以自由地转化、转移。由此,有关"动能守恒定律"的猜想,也就逐渐演变为有关"能量守恒定律"的探讨。

　　1835 年,俄国化学家盖斯最早在实验中发现:"任何一个化学反应,无论是一步完成,还是多步完成,放出的总热量相同。"这证明能量在化学反应中是守恒的,盖斯也因此被认为是能量守恒定律的理论先驱。其实,发现能量守恒定律的关键是认识到"热、功和能"三者具有相同的本质,且可以相互转化。在这个认识过程中,德国医生迈尔和英国物理学家焦耳先后做出了重要的贡献。1842 年,迈尔通过分析空气的定压和定容比热容,首先在《论无机界的力》一书中提出了机械能(能)和热量(热)的相互转化原理。而焦耳则从1840 年开始做了大量有关电流热效应方面的精确实验(图 2.9),并于 1840—1845 年间陆续发表了一系列论文,得到了热功当量的准确数值,揭示了"热"和"功"之间的转化原理。1847 年,德国人亥姆霍兹则通过研究势能和动能的转化,发现了各种机械能形式之间的相互转化现象。同时,亥姆霍兹还进一步根据力学定律全面论述了机械运动、热运动以及电磁运动的"力"互相转化的规律。显然,这时"热、功、能"各自的内部联系以及三者间的外部联系的壁障都已经被完全打通,几乎每个物理学家都知道:"热、功、能"的本质都是一致的,且可以相互转化和转移。在这种情况下,核心内涵早已完全表露无遗的能量守恒定律,简直就处于一种"呼之欲出"的状态,就差完整科学表述的最后一步了。

**图 2.9　迈尔和焦耳在研究"热、功、能"之间的转化关系**

　　就在这样厚实的基础之上,焦耳终于完成了最后一击,他在 1853 年写出了能量守恒定律的最终文字表述:"能量既不会产生,也不会消失,它只能从一种形态转换为另一种形态，或者从一个物体转移到另一个物体"。值得注意的是，如果能量只考虑机械能，这条定律的范围就会缩小，并表述为我们在中学就非常熟悉的机械能守恒定律，其表述是："当只有重力或弹力做功时，系统的动能和势能相互转化，但机械能的总能量保持不变。"这样看来，机械能守恒定律其实只是能量守恒定律的一个特例而已。

　　与动量守恒定律类似，能量守恒定律也可以从更加宏观的角度来理解和推导。从"对称性"的观点看，导致能量守恒定律的起因是"时间的对称性"。比如，我们仍然可以将宇宙看作一个大系统，由于时间流逝的均匀性(即"时间平移对称性")，今天的24小时与明天的24小时是完全等价的，所以今天和明天的"与时间有关的物理性质"也不应该有任何变化。基于此，我们注意到量子力学中有一个用于衡量系统总能量的哈密顿函数$H$，这个能量函数刚好就是一个"与时间有关的物理性质"。而根据"时间平移对称性"，既然"与时间有关的物理性质"不会有任何变化，那么哈密顿函数$H$及其所衡量的系统总能量也将与时间无关且保持不变，而这就是能量守恒定律的核心内涵。有趣的是，动量守恒定律反映了"空间平移对称性"，就是说任何地方的"世界"都一致；而能量守恒定律则反映了"时间平移对称性"，就是说任何时间的"世界"是一致的。如果这一推理正确，则"二十年后又是一条好汉"的豪言便可得到证明，"返老还童"也不再是一个妄想。然而，由于宇宙在时间上的"有限性"(宇宙并非永恒的)，所以"时间平移对称性"也有"缺陷"，只具有相对意义。用通俗的话来理解就是：由于"时间平移对称性"，几十年后本来应该有另一个和你"完全对称"的人继续存在；然而又由于这种对称性的"不完美缺陷"，所以你的儿子或者女儿无论长相或是性格多么像你，但总和你有区别，他们始终是独立的新个体。

### 2.3.2　能量守恒定律的应用

　　能量守恒定律提出后的第一个重要应用就是否定了"第一类永动机"。永动机的概念最早发端于印度，在公元12世纪经由中东地区传入欧洲。第一类永动机是一类所谓"不需要外界输入能量就可以持续、永远对外做功的理想机械"。根据记载，欧洲最早、最著名的第一类永动机设计方案是13世纪时由法国人亨内考提出来的。随后，研究和发明永动机的人不断涌现，文艺复兴时期的意大利艺术家达·芬奇也花费了不少精力来研制永动机,但他最后得到了"永动机不可制造"的结论。与达·芬奇同时代的科学家卡丹(以最早给出求解三次方程的根而出名),也认为永动机是不可能的。其实,永动机的设计理念存在天生的缺陷,如图2.10所示,就好比俗话所说的"既要马儿跑,又不给马儿吃草",吃不饱连生存都有问题,更何况干活呢? 所以,制造永动机根本就是不可能完成的任务。当然,哲学角度的道理很多人都懂,但永动机还是存在很多有"科学幻想"的支持者。这种情况一直持续到19世纪,随着能量守恒定律揭示出"热、功、能"之间的转化关系,人们才逐渐意识到:"功"其实是由"能和热"转化而来的,所以如果没有外部"能量或者热量"的输入,持续做功根本就是不可能的。后来,随着对永动机不可能性的认识,各国的科学院都先后通过决议,宣布不再接受永动机的专利申请,永动机的开发研制也总算是烟消云散了。

图2.10　第一类永动机谬论

除了打破一些错误的思想,能量守恒定律也广泛地存在于我们的日常生活中。根据能量守恒定律,能量虽然有各种各样的存在形式,但能量并不会凭空消失,而人类对能量的使用则主要体现在能量的形式转化方面。比如,在篮球比赛中,抛出的篮球具有动能,但这动能其实源自运动员身体的化学能,篮球的动能在升高过程中又会转化为重力势能,而下落命中篮筐时,又会从重力势能转化为动能。自然界的能量转化更是一个大范围的封闭循环,比如：植物可以通过光合作用吸收太阳的光能并转化为化学能，为人类提供食物和燃料；篝火将木柴或者煤矿中存储的化学能转化为内能，在寒冷的夜晚温暖我们的身体；燃料的内能又可以推动发动机的活塞运动，转化为汽车运动的机械能；江河中奔腾的水流又可以将运动的机械能通过发电机和"电磁感应"原理转化为电能；而白炽灯的灯丝则将电能转化为内能，达到一定温度后内能又会转变为光能，点亮我们的世界和生活；同时，发电轮机和光伏器件还能将机械能或者光能重新转化为电能，供人类使用，并永远周而复始。

　　根据上面有关能量循环的例子，我们可以得出一个结论：使用能量的实质就是能量形式的转化，而且似乎所有的能量形式都是有用的。但是，这个结论又会引发一个我们暂时还很难回答的问题：既然能量不会消失，且总量不变，尤其是任何能量形式都是有用的，那为什么会有"消耗能源"的说法，而人类为什么要节约能源呢？比如，烧煤后产生的内能也是能量，也是有用的呀？现在的火力发电厂就是应用内能来推动轮机发电的。那么，这个问题究竟该如何理解呢？请读者接下去思考，我们将在《热学》一章中为大家揭开这个谜团。

# 第3章 角动量守恒定律

## 3.1 物体的转动

### 3.1.1 力矩

对于力与运动关系的问题,亚里士多德最早认为"力是物体运动的原因",后来伽利略对此表示反对,他认为"力是使物体运动状态发生改变的原因"。伽利略的这个表述被很多人奉为经典,直到现在仍然被很多人认为是一个真理。需要特别强调的是,伽利略这句话里所指的物体的"运动状态"是"平动",也称平移,其定义是:"运动物体上任意两点所连成的直线,在整个运动过程中,始终保持平行。"但是,物体的基本运动形式除了平动其实还包括"转动",其定义为:"运动物体上除转轴外的其他各点,都绕同一转轴做大小不同的圆周运动。"那么,伽利略这句经典表述除了可以应用于平动,是否也适用于转动的运动形式呢? 要很好地回答这个问题,我们首先需要来看一个例子,比如:"开门和关门"是我们在日常生活中常有的行为,如果我们想要打开或者关上一扇门,就必须使静止的门发生转动。这时,如果我们沿着门平面的方向施加一个推力或者拉力,如图3.1所示,那无论这个力有多大,我们都无法使门发生哪怕一丁点转动。相反,只要我们不沿着门平面的方向施加一个力,就可以轻松地使门发生转动了。而且施力点离门转轴的距离(也就是"力臂")越大,门就越容易转动,其道理就像我们在"杠杆定理"中体会到的那样："力臂越大，力越小。"这个"开关门"的实验结果清楚地表明：使物体转动状态发生改变的根本就不是力，而是一个取决于力和力到门轴距离（力臂）的"综合作用"。其实，这个"综合作用"就是力 $F$ 和力臂 $d$ 的乘积，它属于一个新的物理量——"力矩"，用物理符号 $M$ 来表示，其数学表达式为：

$$M = Fd \qquad\qquad (3.1)$$

在开关门实验中，我们可以看到：无论作用力 $F$ 有多大，只要作用力的方向与门轴的距离为零，作用力的力矩 $M$ 就为零，门也将不会发生任何转动状态的改变。这说明：力（$F$）虽然能使物体的平动状态发生改变，但却不一定能使物体的转动状态发生改变。我们可以说：使物体转动状态发生改变的是力矩（$M$），或者也可以说："在转动中，力矩才是物体转动状态发生改变的根本原因。"由此看来，伽利略那句被一直认为是"真理"的表述其实也并不那么完美，应该修正为"力是使物体平动状态发生改变的原因"。

图3.1　力矩是物体转动状态改变的原因

### 3.1.2　转动惯量

牛顿运动定律就是针对物体平动的运动规律，根据牛顿第一定律，我们知道任何平动的物体都有惯性。其实，转动中的物体也有惯性，比如：断电的风扇并不会立即停止转动，还会继续转动一段时间。也正是因为"惯性"的作用，拨动后的篮球可以在指尖持续旋转，转动的陀螺在施加的力撤去后可以继续转动等等。结合生活中的这些常识,我们就可以确切地说:转动的物体也有惯性。但是,正如牛顿运动定律中把质量作为衡量物体惯性大小的物理量;那么,在转动的运动形式中,质量还能衡量物体转动的"惯性"大小吗?

为了很好地回答这个问题,让我们首先来看这样一个实验吧(请参考本书的配套慕课视频):如图3.2所示,我们在两个完全相同的塑料圆筒中,填入相同质量的黏土,其中一个做成实心状,另一个做成空心状。虽然黏土的形状不同,但两个圆筒的总质量是完全一致的。从斜面上物体的受力分析看,这两个圆筒在斜面上受到的重力分力也是一样的,根据牛顿第二定律($F = ma$),当受力 $F$ 和质量 $m$ 都相等时,两个圆筒应该具有相同的运动加速度 $a$,可事实真的是这样的吗? 接下来,我们将这两个圆筒放置在同一个斜面上,从相同的高度同时释放。正如在配套慕课视频中展示的那样,我们会看到两个圆筒都会沿斜面滚下,但却快慢不一,滚得慢一些的是空心圆筒,而快一些的则是实心圆筒。

**图3.2　滚筒实验**

乍一看,这个实验现象似乎是很难理解的。因为,根据牛顿第二定律,在受力和质量都完全相同的情况下,圆筒运动的加速度也应该相同,所以不会出现运动的快慢差异。可是在这个实验中,圆筒怎么会出现一快一慢的情况呢? 其实,如果有读者注意到这个实验必须用到"圆筒",那就一定能发现这个实验现象产生的关键原因在于:圆筒的运动形式是转动,而不是平动。在转动中,质量不再是物体运动惯性的量度,所以牛顿第二定律并不适用于分析转动情况下的物体运动。

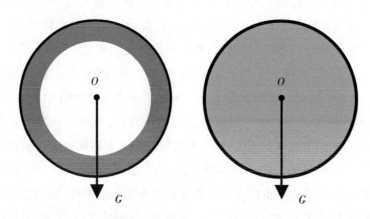

图3.3　滚筒的质量分布差异

那么在转动时,衡量物体"转动惯性"大小的物理量究竟是什么呢？在这里,我们还是要从"圆筒实验"来分析。显然,对于前面的圆筒实验,两个圆筒唯一的区别就是黏土的"实心"和"空心"分布。我们注意到：如图3.3所示,实心圆筒中黏土较为靠近转轴,质量分布相对转轴的距离r较小。由于实心圆筒滚动得快些,所以具有较小的转动惯性；相反,空心圆筒中黏土远离转轴,质量分布相对转轴的距r和转动惯性都较大,所以滚动得慢一些。这个实验结果清楚地表明：衡量物体转动惯性大小的物理量不是质量,而是与质量和质量分布都有关系的一个"综合作用"。其实,这个"综合作用"就是一个全新的物理量——"转动惯量",物体的转动惯量一般用大写字母 $J$ 来表示,其数学表达式如式子3.2所示：

$$J = mr^2 \tag{3.2}$$

式中,$m$ 表示某个物体或者单质点的质量,而 $r$ 则表示物体质心或者单质点到转轴的距离。从这个式子我们可以看出：物体转动时的惯性大小即"转动惯量"除了与质量有关,还与物体质量的分布以及其到转轴的距离有关。显然,对于前面的圆筒实验,实心圆筒中黏土的质量分布较为靠近转轴即r较小,而空心圆筒中的质量分布离转轴更远即r较大,所以相对于实心圆筒,空心圆筒具有更大的转动惯量。而对物体的运动来讲,较大的"惯性"通常意味着较小的运动"加速度"(角加速度 $\alpha$),所以空心圆筒比实心圆筒滚动得要慢一些。

我们在前面曾经提到"转动中的力矩 $M$ 等效于平动中的力 $F$",而现在我们了解到"转动中的惯性 $J$(转动惯量)等效于平动中的惯性 $m$(质量)"。再更进一步地,转动中的角加速度 $\alpha$ 对应于平动中的加速度 $a$。说到这里,一定有读者已经发现:如果我们把牛顿第二定律中的三个"平动量",相应地改写为"转动量",我们就会得到牛顿第二定律在转动中的新表现形式,也就是"转动定律":"在相同力矩 $M$ 的条件下,物体转动的角加速度 $\alpha$ 与转动惯量 $J$ 成反比",其数学表达式如式子 3.3 所示:

$$M = J\alpha \tag{3.3}$$

从"转动定律"的表达式可以看出:虽然牛顿第二定律在转动模型中失效了,但它所蕴含的物理思想并没有失效,只是有了新的表现形式。其实,不仅牛顿第二定律,在接下来的学习中,我们会发现还有很多本来用以描述平动的物理量和物理定律,在转动模型中也穿上了新的"衣裳",请本书的读者一定要擦亮眼睛哦。

### 3.1.3　角动量

19—20 世纪,物理学家们以平动的物理量和物理定律为基础,推导出了一些转动中的结果。比如我们在上一节中曾提到平动中的"力"与转动中的"力矩"相对应,平动中的"质量"与转动中的"转动惯量"相对应,甚至应用于平动的"牛顿第二定律"也能在转动中找到对应的规律——"转动定律",这种丰满的对应关系引起了物理学家们极大的探索兴趣。很快,大家又注意到了有关"运动状态"描述的问题。在《动量与能量守恒定律》一章的学习中,我们已经知道:动量和动能都是物体"运动状态"的量度。其实,动量和动能只能用于衡量物体在平动时的运动状态,这两个"平动之量"在描述平动状态时没有问题,但在描述转动时就会出现困难。如图 3.4 所示,对于一只正在向前滚翻的狗狗,我们通过分析其"动量"可以看出狗狗在向前运动,但却无法了解其做"滚翻"的状态。因此,除了已有的"平动之量",我们还应该引入新的"转动之量",来体现物体的转动特征。

**图3.4  动量并不能描述狗狗的"转动状态"**

在这里，考虑到本书读者的思维共性，我们还是可以采用"对应"的方法来尝试得到这个新的"转动之量"，我们可以这样想：动量是"平动之量"，因此动量在转动中的"对应量"就应是"转动之量"。动量的表达式是 $p = mv$，其中，平动中的质量 $m$ 对应于转动中的转动惯量 $J$，而平动中的速度 $v$ 对应于转动中的角速度 $\omega$，因此这个新的"转动之量"就应该是 $J\omega$。由于"转动之量"实质是动量，但为了体现出"转动"的基本特征，物理学家们就在"动量"这个物理名词的前面加了一个能体现物体"转动"特征的"角"字。这样一来，我们就可以得到一个新的"转动之量"——"角动量"。通常，角动量采用小写字母 $l$ 来表示，其数学表达式为：

$$l = J\omega \tag{3.4}$$

需要特别指出的是：角动量是一个矢量，因此是有方向的，我们可以采用"右手定则"来判断角动量的方向，其具体方法是：手掌伸开，大拇指自然伸直，四指沿着物体的旋转方向自然弯曲，此时大拇指的方向就是角动量的方向。比如，读者面前如果有一个物体正在做逆时针旋转，那么其角动量方向就是竖直向上。

采用类似的"对应"方法，我们还可以推导出"动能"在转动中的对应量是"转动动能"，其数学表达式如式子3.5所示：

$$E_z = \frac{1}{2}J\omega^2 \tag{3.5}$$

根据这样的"对应关系"，读者还可以轻松地推导出其他转动中的物理量和物理定律。

## 3.2　角动量守恒定律

### 3.2.1　角动量守恒定律

显然,与动量和动能这两个状态量类似,作为描述物体"转动状态"的"转动之量",角动量也应该存在一个体现"转动总量守恒"思想的定律,这就是"角动量守恒定律"。值得注意的是:动量守恒定律的前提是合外力为零,而平动中的"力"$F$既然对应于转动中的"力矩"$M$,那么"合外力为零"的前提在转动的情况下就应该改写为"合外力矩为零"。由此,我们可以得到角动量守恒定律的基本内容:"若系统的合外力矩为零,系统的角动量不变。"而当系统的角动量($l = J\omega$)守恒时,系统将体现出两个方面的重要特性:一方面,系统的转动惯量$J$和角速度$\omega$的乘积将是一个恒量,或者说"转动惯量$J$和角速度$\omega$成反比",这就是角动量守恒定律的"定量特性";另一方面,由于角动量本身是一个矢量,具有方向,所以角动量在大小守恒的同时,也必然存在矢量方向的守恒,也就是"定轴特性"。

角动量守恒定律最著名的一个实验验证就是开普勒行星运动定律中的"面积定律"。我们知道:行星到太阳的连线在单位时间内扫过的面积是一个扇形,其可近似为一个三角形。所以我们可以把行星在一定时间$t$内经过的路径$vt$看作"底",把行星到太阳的连线$r$看作"高",而这个近似三角形的面积可以写成:$S = (vt \times r)/2$。接下来,我们再将角动量展开:$l = J\omega = mr^2 \times \omega = m\omega r \times r = mv \times r$。显然,当角动量$l$守恒时,$v \times r$是恒定的。而近似三角形的面积公式($S = (vt \times r)/2$)中刚好含有守恒量"$v \times r$",所以在相同时间内三角形的面积$S = (vt \times r)/2 = (v \times r) t/2$也一定是一个恒定值,也就是说:"行星到太阳的连线在单位时间内扫过的面积总是相等的",而这恰好就是开普勒行星运动定律中"面积定律"的内容。

角动量守恒定律是自然界中一条非常重要的物理规律,它与前面提到的动量守恒定律以及能量守恒定律一起成为现代物理学的三大基本守恒定律。虽然这三大守恒定律最初都是由牛顿运动定律推导而出的,但后来发现它们的适用范围远远大于牛顿运动定律,三大守恒定律不仅是更基础的物理规律,还是时空性质的反映。比如,动量守恒定律由空间平移不变性推出,能量守恒定律由时间平移不变性推出,而角动量守恒定律则由空间的旋转对称性推出。正因为三大守恒定律的重要性和基础性,它们也共同被称为"宇宙守恒定律"。

### 3.2.2 定量特性

通过角动量守恒定律,我们现在已经知道:"合外力矩为零的转动系统,其角动量守恒。"对于角动量"守恒",我们可以从大小和方向两个方面进行理解:首先,从角动量的表达式 $l = J\omega$ 看,如果角动量 $l$ 守恒,那么转动惯量 $J$ 和角速度 $\omega$ 的乘积就是一个定值,或者说转动惯量 $J$ 与角速度 $\omega$ 成反比,这就是角动量守恒定律的"定量特性"。

根据角动量守恒定律的定量特性,我们可以解释一些生活中常见的现象。比如,每一个花样滑冰运动员都是一个天生擅长旋转的精灵,除了优美的舞姿,点冰旋转跳是必备的动作。然而,在跳起的短时间里,如何快速做出多圈的旋转动作呢? 其实,人无论在地面还是空中,都有一定自控旋转极限。在地面起跳前,运动员会尽量伸开手脚,这是为了增加身体的转动惯量,从而在较低的自控旋转速度下,也能获得较大的角动量($l^{\uparrow} = J^{\uparrow}\omega$)。而当点冰起跳后,在短时间内,运动员旋转的角动量近似守恒。所以,这时运动员又会收起手脚,以减小转动惯量,并在角动量守恒定律的作用下,极大地增加身体的旋转速度($l = J^{\downarrow}\omega^{\uparrow}$),以保证身体在落地前快速完成旋转动作。其实,不仅是花样滑冰运动,在自由体操以及跳水等比赛中,我们也常常看到运动员在起跳后会抱紧身体。显然,这些运动员也是在利用角动量守恒定律,通过减小身体的转动惯量来增加转动角速度,从而完成滚翻动作。

宇宙中碟状星云的形成也与角动量守恒定律有关。其实,早期的"星云"并不像我们现在所看到的"碟状星云"那样,其只是一团炽热、飘浮的气体。这些气体在万有引力的作用下逐渐收缩、聚集,并开始绕着核心旋转。由于气体所受万有引力的方向总是指向旋转核心,所有旋转气体所受的引力力矩为零,这就使得这些旋转气体满足了"角动量守恒"的前提条件。而随着引力的增大,气体的聚集越来越紧密,就像收起手脚后转速变快的花样滑冰运动员,收紧的气体在减小自身转动惯量的同时,也在角动量守恒定律的作用下使自身的旋转速度增加;而旋转速度的增加又会产生较大的离心力,就像在离心机中被甩向边缘的棉花糖,离心力使星云的旋转平面逐渐拉大,而不受到离心力作用的星云轴向方向却始终在引力作用下收缩,并填补到拉大的旋转平面中去。就这样,星云的旋转平面越来越大,而轴向长度却越来越短,并最终形成我们现在所看到的扁平的"碟状星云",这便是星云的秘密。

地球阴历月的长短也是由角动量守恒定律所决定的。在广袤的太阳系中,包括地球在内的所有行星都只受到太阳的万有引力(行星间的引力太小,可以忽略不计),因为引力始终指向太阳,也就是转轴,所以行星所受引力的力矩总是为零。因此,太阳系中所有的行星都满足"角动量守恒"的基本条件。又根据开普勒第一定律:"地球绕日运动的轨道是一个椭圆,而太阳始终位于椭圆的其中一个焦点上。"所以地球在做绕日运动过程中,必然有近日点,比如中国的冬至日;也有远日点,比如中国的夏至日。如图3.5所示,当地球离太阳较近时(中国的秋冬季节),地球绕日运行的距离 $r$ 较小,所以地球绕日公转的转动惯量 $J$ 较小。根据角动量守恒定律可知:当地球公转的转动惯量 $J$ 较小时,地球公转的角速度 $\omega$ 必然较大,也就是具有较短的阴历月。当然,等到了春夏季节,这种情况将会完全相反。随着地球远离太阳,地球公转的转动惯量 $J$ 增大,会导致公转的角速度 $\omega$ 减小,阴历月也会逐渐变长。我们从图3.5可以清楚看出:对于北半球的中国而言,小雪到大寒这段节气的时间是最短的,每个阴历月只有29天;而小满到大暑这段节气的时间则相对较长,每个阴历月有31天。当然了,在澳大利亚所在的南半球,上述情况又会刚好相反。

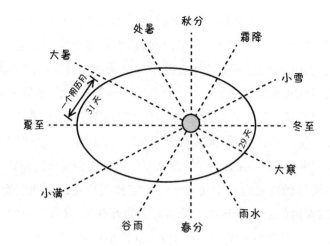

图3.5　阴历月的长短与角动量守恒定律有关

### 3.2.3　定轴特性

角动量守恒定律的核心含义是合外力矩为零前提下的"角动量守恒",而角动量在大小方面的守恒规律就是上一节所讲到的"定量特性"。但是,角动量作为一个矢量,其守恒规律也可以体现为"方向不变",而这就是角动量守恒定律的另一个特性——"定轴特性"。

与"定量特性"一样,角动量守恒定律的"定轴特性"也广泛地存在于我们的现实生活中。比如,在道路上正常行走的行人,天生就是一个定轴特性的系统。对于一个站立的行人,如果以身体为转轴,人在旋转平面上并没有受到其他外力(重力和地面的支持力在轴向上,与旋转平面垂直),所以身体的外力矩为零,满足"角动量守恒"的基本前提。当人静止站立时,角动量为零,也没有角动量方向;而当他迈出左脚时,以身体为轴,人就会具有顺时针旋转的趋势(从头顶向下看),并因此产生一个竖直向下的角动量;这时,为了保持系统的总角动量为零,我们会不由自主地伸出右手,还给系统一个逆时针旋转的趋势和一个竖直向上的角动量,以保持身体的平衡性和系统的角动量守恒(无方向)。显然,正是由于角动量守恒定律的定轴特性的作用,正常人类的行走才不会出现"同手同脚"的滑稽场面。

在奥斯卡获奖电影《黑鹰坠落》中,美军直升机因为尾桨被火箭弹击毁而导致坠落。看过电影的读者一定会注意到这样一个细节:尾桨被击毁的黑鹰直升机是一边自转、一边坠落的,这是为什么呢? 通常,直升机有主桨和尾桨两个螺旋桨,其中较大的主螺旋桨在水平方向高速旋转,提供向上的升力;而较小的尾桨则在竖直平面旋转,以控制直升机的飞行方向。显然,对于盘旋在空中的直升机,其旋转平面的合外力矩为零,满足"角动量守恒"。此时,我们假设主螺旋桨做顺时针旋转,其就会产生一个竖直向下的角动量;而为了保持系统的角动量守恒,直升机的机身就有反向旋转并产生一个竖直向上角动量的趋势。为了避免机身的自转,工程师为直升机安装了尾桨,尾桨在竖直平面的旋转能提供大小可控的动力,其不仅可以克服机身的自转趋势,还可以控制直升机的飞行方向。显而易见,当能避免机身自转的尾桨被击毁后,直升机机身在主螺旋桨的作用下,不得不做高速自转,从而使飞行员失去对直升机的控制,并最终导致"黑鹰坠落"。

陀螺仪也是一个巧妙利用角动量定轴特性的玩具,如本书的配套慕课视频所示:在没有旋转时,陀螺仪一放就倒;但是如果我们通过拉杆使陀螺仪高速旋转,陀螺仪就会产生巨大的角动量。此时,外力矩需要作用很长的时间才能让其巨大的角动量产生明显的改变。因此,陀螺仪在一段时间内近似角动量守恒,角动量大小和转轴的方向都不会发生明显的变化,从而产生一些奇特的定轴效果。根据高速旋转时陀螺仪的"定轴特性",我们还可以将陀螺仪应用到飞机甚至飞船等航天装备中。比如,目前飞机常用的水平仪以及在航天飞机上应用的指向仪,其实质上都是一个高速旋转的陀螺仪。靠着陀螺仪在飞行中指示方向,我们就不会在高空或者茫茫太空中迷失方向了。

"高速旋转"不仅是陀螺仪定轴特性的关键,也是自行车不会摔倒的根本原因。骑过自行车的读者应该有这样的体会:我们刚骑上自行车时,自行车行驶速度较慢,车身总是歪歪斜斜,容易倾倒。这是因为车轮转速较小,角动量也较小,所以转轴方向容易发生改变;但是,当自行车跑起来后,由于车轮转速较大,其在角动量守恒定律的定轴特性的作用下,具有了较为稳定的轴向性,所以这时的车轮不易倾倒。当然,除了自行车,我们在骑摩托车或者玩滚铁环、打陀螺等游戏时,也会有类似的直观体验。

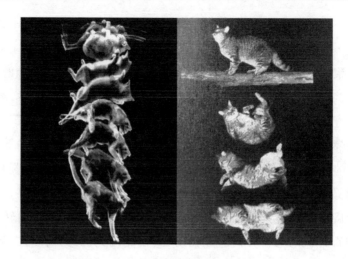

图3.6　从高空落下的猫咪

　　除了飞机、陀螺仪以及自行车这样的人造机械，一些动物比如猫咪也能熟练地掌握角动量守恒定律。猫咪是可爱的，也是温柔的，有时很淘气，也很敏感，因为贪吃还常常从高处摔下来，但号称有"九条命"的猫咪甩一甩尾巴，不带走一片碎玻璃，猫咪为什么不会摔伤呢？猫咪真的有"九条命"吗？原来，这也与角动量守恒定律的定轴特性有关，如果我们将猫咪从高处落下的过程用高速摄像机拍摄下来（请参见本书的配套慕课视频），就会看出其中的奥秘。如图3.6所示，从空中落下的猫咪会让尾巴向一个方向转动，在角动量守恒定律的作用下，猫咪的身体会向另一个方向转动，从而可以调节落地姿态，使四肢以缓冲动作着地，并由此避免头部或背部着地导致受伤。这样看来，"九条命"的猫咪原来是因为物理学得不错哦！当然，如果我们仔细观察，还会发现：除了猫咪，尾巴肥大的松鼠也不容易摔伤，所以小松鼠应该也是物理课上的好学生。

# 第4章　液体的表面特性

## 4.1　表面张力

### 4.1.1　表面张力

相信本书的大多数读者,在小时候一定都玩过"吹泡泡"的游戏。我们也都知道用普通的自来水是不行的,只有在自来水中加入肥皂、洗衣粉等洗涤剂才能吹出美丽的泡泡,可这是为什么呢? 其实,吹泡泡就与液体的"表面张力"有关,然而"表面张力"究竟是一种怎样的力呢? 表面张力与肥皂、洗衣粉这些洗涤剂又有什么关系呢? 接下来,带着这些问题,我们就一起来揭开表面张力的神秘面纱吧。

首先,我们需要了解一些有关液体的基本性质。在这里,我们以生活中最为常见的液体——"水"为例。众所周知,水是由大量自由水分子所组成的一种液体,水分子之间的距离相对较远,分子间的相互作用以引力为主,所以"水分子间的引力"对水的表面性质起到了决定性的作用。可以设想:如果表面的水分子受到较小的内部引力,表面的水分子就很容易离开水面;但如果表面水分子受到较大的内部引力,表面的水分子就会具有向内部"钻"以及向内部"抱紧"的趋势。而水的表面张力的形成,就与处在表面薄层的水分子所受到的特殊引力状态密切相关。

表面张力的基本原理如图4.1所示:处于内部的水分子,由于周围环境较为对称,所以受到的引力合力近似为零,处于相对稳定的状态;但对于水体表面的薄层水分子,由于来自上方的空气分子引力远小于来自水体内部的水分子引力,所以表面的每个水分子都近似只会受到来自侧面和内部的分子引力。这种引力使得表面水分子好像手拉手一样,通过分子间的相互拉扯力表现出一种宏观的表面弹性。而在这个表面拉扯力的作用下,水的表层就好像紧绷的、具有弹性的气球胶皮,总有向内收缩和减小表面的趋势。比如,我们松开气球的充气口,气球的胶皮就会快速收缩表面,这种收缩力不仅会使气球里的空气快速排出,还使气球的胶皮最终具有最小的表面积。同样的道理,液体的表面所体现出的这种类似气球胶皮,能使液体表面积缩小的拉扯力,就叫作液体的"表面张力"。

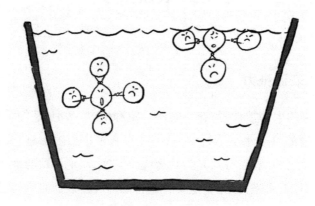

图4.1  水的表面张力原理示意图

当然,以上表述都只是有关水的表面张力的通俗理解,而液体的"表面张力"在物理上的标准定义是:"液体表面任意相邻部分之间垂直于它们的单位长度分界线相互作用的拉力。"其数学表达式为:

$$F = \sigma l \tag{4.1}$$

其中,$F$是液体的表面张力,$\sigma$是液体的表面张力系数,而$l$则是液体表面任意相邻部分之间的连线长度。根据表面张力的物理定义,其实质就是表面水分子之间的相互拉扯力,这个力在方向上垂直于相邻部分液体表面的分界线,其大小则与分界线的长度以及液体本身的性质有关。由于表面张力的产生是"表面分子引力不均衡"的结果,所以表面张力也是液体表面不稳定性质的直接体现。正是这种不稳定性,使得液体表面总有减小相邻表面分界线的趋势,也就是尽量缩小表面积,以保持液面的稳定性。

### 4.1.2  水的表面现象

表面张力会使液体的表面具有一定的收缩趋势,进而体现出一定的弹性特征。而水由于水分子间的引力较大(也就是表面张力系数较大),所以水就具有较大的表面张力,并因此而体现出较为明显的收缩和弹性特征,这在我们的日常生活中就有很多典型例子。

比如,从水的表面收缩性质看,我们在自然界中常常见到水滴会以球体的形态存在,就是因为在相同的体积条件下,球体具有最小的表面积;或者说,球体形态的水滴,由于具有较小的表面张力,所以相对更为稳定。当然,由于地球重力的影响,地面附近的水滴总会在竖直方向上被拉长,也就是我们常见的"下粗上尖"的雨滴形态。不过,如果是在失重的太空,由于水滴的形态不会受到重力的影响,我们甚至可以看到近乎完美球体的水滴,这就是水的表面张力的杰作。

也正是由于水面的收缩性质,使得水面充满了弹性,就好像鼓起的气球皮,任何落到水面的物体都会被弹起。利用高速摄像机拍摄一滴水落到水面的情形,我们可以更清楚地看到表面张力带给水面的弹性(请参考本书配套慕课视频)。不仅能直接弹起小物体,充满弹性的水面还像一张薄膜,能够拦阻即将溢出水面的水。比如,在一枚硬币上,我们用滴管将水一滴一滴地滴上去,将会看到:圆弧形的水面就像一张绷紧的网,被"网住"的水可以高出硬币很高的距离而不溢出。充满弹性的水面甚至还能直接托起一些轻小的物体,比如金属的大头针或者回形针,甚至是金属制成的硬币,都能在表面张力的作用下,轻松地漂浮在水面上,这都是表面张力的杰作。此外,一些小动物,比如水黾,也深谙大自然的神秘力量,利用水的表面张力还练起了"水上漂"的轻功;而大一些的动物,比如蜥蜴,则可以利用水的表面张力,在水面快速奔跑,轻松地摆脱天敌的追踪。

正如我们在前面讲到的,如果某种液体具有较大的表面张力,其表面将是不稳定的,而任何系统总有自发向稳定状态转变的趋势,比如水的表面就具有自主收缩、减少表面积的趋势。而从表面张力的物理表达式($F = \sigma l$)看：一方面，减小液面分界线长度$l$，也就是减小液体表面积，就可以减小表面张力；另一方面，如果我们能减小表面张力系数$\sigma$，显然也可以同样达到减小表面张力的目的。而且，如果液体的表面张力系数极小，那液体本身的表面张力就会很小，液体表面也会较为稳定，从而使液体不必强烈地收缩表面来达到稳定状态。这时，液体表面就可以具有较大的表面积，从而可以实现吹泡泡等需要维持较大液体表面积的现象了。但是，我们究竟要怎样才能减小液体的表面张力系数呢？

我们已经知道：水分子间的引力较大，所以水就具有较大的表面张力系数，无法维持较大的表面积，因此是不能直接用来吹泡泡的。但如果我们在水中加入肥皂、洗衣粉、洗洁精等洗涤剂，就会使水的表面张力系数减小，从而使水可以维持较大的表面积并吹出泡泡。而这种能够减小水的表面张力系数的物质，就被统称为"表面活性剂"，其作用实质是减小水分子之间的引力；相反，能够增加水的表面张力系数（或者说增加水分子间引力）的物质，则叫作"表面惰性剂"。显然，正是表面活性剂解放了水的自由天性，让我们可以吹出五彩斑斓、逍遥飘逸的泡泡。不仅是吹泡泡，我们把一些用金属丝特制的网格模型沾上泡泡液，也可以看到：金属丝间的液膜不易破裂，可以呈现出一些我们平时看不到的奇特立体结构（请参考本书配套慕课视频）。如果采用一些表面张力系数极小的特殊活性溶液作为泡泡液，我们甚至可以将"吹泡泡"作为一个表演节目搬上舞台，展现出一些美轮美奂而又充满魔幻气息的泡泡艺术场景。

## 4.2 固液表面现象

### 4.2.1 湿润与不湿润现象

对液体和空气而言，由于分子间的距离较大，所以在液体内部、空气内部或者气液界面，分子间的相互作用都以引力为主。而水分子间的引力要远大于水与空气分子间的引力,这导致水的表面强烈收缩,从而体现出水的表面张力。这是气液间表面分子相互作用的结果,那么液体和固体界面的分子引力是否也存在类似的博弈呢? 两者间的分子引力又会是谁比较占优呢? 又会有怎样的固液表面现象呢?

其实,与气体相比,液体和固体都具有更小的分子间距和更大的密度,甚至于有些液体比如水银的密度,已经远远超过很多固体的密度。由此可见,液体和固体分子间的引力大小已经与物态无关,而是主要取决于物质的种类。而不同固液界面上分子引力的差异,又必然导致不同的表面性质和现象。总体来说,固液界面的表面性质主要包括两种类型:

首先,在固液界面上,如果液体分子间的引力较小,而液体与固体分子间的引力较大,液体分子就会不同程度地吸附并展布于固体表面,从而产生"液体湿润固体"的现象,简称"湿润现象"。湿润现象在我们的日常生活中十分常见,比如:我们在饭后洗碗时,无论怎样擦抹、甩干,餐具摸起来总是"润润"的,甚至还会残留一些水滴,这就是水对餐具的湿润现象。如果我们从极限情况来看,当固体对液体分子的引力足够强大时,还可能会出现液体分子完全展布于固体表面的情况,有的甚至能达到单分子膜的级别,这种情况就叫作"完全湿润"现象。当然了,如果两种液体间的分子引力差异也足够大,那么在两种液体相互接触的界面也可能出现"完全湿润"的现象,比如某些油料在水面上可以展布为油的单分子膜。我们在新闻中常常会听到油轮泄漏后,海面会出现几十平方千米的油污带,其实,这正是源于油料对海水的"完全湿润"现象。

其次,与上面的情况刚好相反,如果液体内部的分子引力很大,而固体对液体分子的引力较小,液体就会尽量收缩起来,形成球体,在尽量减小表面积的同时,也减小与固体表面的接触面积,这就是液体对固体的"不湿润现象"。对于不湿润现象,一些教师在传统的物理课上经常会举到"水银以球体形态散布于石蜡表面"的例子。其实,除了这个经典但又难以实际观察到的例子,生活中还有很多大家十分熟悉、常见的不湿润现象。比如,在气温较冷的清晨,水汽会逐渐凝结在荷叶表面形成球形露珠。如图4.2所示,当风儿推动荷叶轻轻颤动时,调皮的露珠就会纷纷滚落,且不会在荷叶上有任何残留。这个现象说明:水对荷叶表面没有任何"留恋",其从本质上反映了水与荷叶表面的分子引力极小的事实,因此这个现象就是水对荷叶的不湿润现象。自然界中的不湿润现象给了人类很好的启发,中国在宋代时就有人采用油纸来制作雨伞,雨水一旦掉落到"不湿润"的油性伞纸上,就会像掉落到荷叶上一样快速滑落,所以这种油纸伞不仅能遮风避雨,还不易浸润损坏。到了现代社会,人们更是研制出一些对水表现出不湿润性质的特殊布料,来制作雨伞、防水服、雨棚、野外帐篷等等,在方便人们户外运动的同时,也可以广泛用于一些应急事件和救援。

图4.2　荷叶上的露珠

### 4.2.2　毛细现象

如果固液界面存在显著的分子引力差异,就会导致液体对固体的"湿润现象"和"不湿润现象"。其实,除了湿润现象和不湿润现象,固液界面的分子引力差异还可能在特殊的细管环境下,引发有趣的"毛细现象"。比如,我们可以选择一根玻璃细管,将其插入一个盛有普通红墨水的容器中(请参考本书配套慕课视频)。如果我们仔细观察玻璃细管内外的液面高度,就会发现:玻璃细管内的凹形水面要明显高于管外的水平面,从而形成细管内外水面的高度差,这就是水的"毛细现象"。

在传统的物理教材中,常常把毛细现象产生的原因归结于"附加压强",而对本书的读者而言,从附加压强的角度去理解可能较为困难。从本质上看,毛细现象产生的根本原因还是与"分子引力"有关。由于玻璃是水的湿润固体,水分子会在湿润(引力)作用下尽量展布于玻璃管壁,所以靠近管壁的水面看起来好像是"爬上"管壁一般,会高出水平面。而靠管中间的水面由于远离管壁,这种湿润作用向着中间逐渐减弱,所以水面也会向着中间逐渐降低,并最终呈现出中间低、四周高的"凹形"水面。如图4.3所示,这种展布与管壁上的水分子又会利用水分子间的引力(表面张力),努力地把下面的其他水分子兄弟"向上拉"。正是这种"向上拉(液液引力)"的作用结果,使得管内水平面整体上升(即毛细现象)。不过,这种作用是同时存在于管内和管外的,但是为什么只有管内的水平面上升而体现出"毛细现象",管外却不行呢?原来,管内径很小,所以绕管内壁一圈的表面张力(分子引力)就可以较为轻松地"拉起"管内的细水柱。而且管内水柱越细,表面张力所能拉起的水柱高度越大;相反,如果管外的水平面也要上升相同高度,就需要"提起"截面积大得多的粗水柱,这对于仅仅绕管壁一圈的水的表面张力而言太重了,所以在管外除了有管壁吸附的湿润现象,一般不可能观察到水平面整体上升或下降的"毛细现象"。

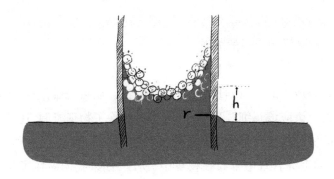

**图4.3 毛细现象产生的根本原因是分子引力**

在了解毛细现象的产生原因后,读者们一定很关心影响毛细现象中液柱高度的因素。那么接下来,我们就根据"毛细现象"的实质来一起做一个思维推导。由于毛细现象的本质还是分子引力的作用结果,那么我们就需要考虑哪些因素可以增加或者减小这种分子引力。首先,表面活性剂可以通过降低表面张力系数来削弱水分子间的引力,并减小水的表面张力,所以理论上表

面张力系数 $\sigma$ 应该与水柱高度 $h$ 有关；其次，分子引力与分子间距有关。通常液体的密度越小，分子间距越大，分子引力越小，所以液体的密度 $\rho$ 应该也是影响液柱高度的因素之一；第三，我们来考虑毛细管内水分子"向上爬"的难度，由于界面的水分子引力需要支持水柱中央的水分子一起"向上爬"，所以水柱越细，也就是玻璃管的内径 $r$ 越小，界面的水分子向上拉的"负担"将越轻，从而有利于水柱维持更高的高度。由此，我们可以得出一个结论：液体在毛细管中升高的高度 $h$ 与液体的表面张力系数 $\sigma$、液体的密度 $\rho$ 和管内径 $r$ 有关，其物理关系式为：

$$h = \frac{2\sigma}{\rho g r} \qquad\qquad (4.2)$$

从这个式子可以看出：毛细管的内径 $r$、液体的密度 $\rho$ 与管内液柱的高度 $h$ 成反比；而液体的表面张力系数 $\sigma$ 则与管内液柱的高度 $h$ 成正比。当然，这其中最重要的结论就是："对于同一种液体，毛细管的内径越小，液柱升起的高度就会越高。"对于这个结论，我们可以用实验来进行验证，比如我们可以准备四根粗细不同的玻璃细管，然后把这些玻璃细管放到装有红墨水的容器架子上，稍候片刻就会看到：玻璃管内的红墨水升高了不同的高度，内径越细，红墨水的高度越高(请参考本书的配套慕课视频)。这个实验很好地证实了毛细管内液柱高度与管径的关系。

水的毛细现象在我们的日常生活中也十分常见。比如，植物就是利用茎部的毛细管将地下的水吸到顶部，供枝叶生长。显然，长得越高的植物，其毛细管从理论上讲应该越细。当然了，植物吸水除了物理机制，还有生物机制，因此植物的实际高度与毛细管的粗细并没有绝对关系。不过，值得我们注意的是：树木的毛细管普遍分布在树皮中，所以，如果我们破坏了树皮，树木将会因为不能获得水分补充而死亡。酒精灯的灯芯就是富含毛细管的绒线或者棉花束，可以将底部的酒精源源不断地吸上来，供给灯头燃烧。纸巾也具有丰富的毛细结构，所以当我们把折好的纸巾插入墨汁时，会看到墨汁在毛细现象的作用下被迅速向上吸起。除了酒精灯和纸巾，我们祖先所发明的毛笔也很好地利用了毛细现象的物理原理。以动物毛发做成的毛笔笔头就天然地具有丰富的毛细结构，可以从砚中充分吸取墨汁；而书写时，则是将墨汁渲染到同样具有丰富毛细结构的宣纸上，从而让书法看起来更加浑厚、美观。根据毛细现象的物理原理,我们还可以设计一些有趣的玩具:比如,在一些科普展览中常见的"饮水鸟"玩具(请参考本书的配套慕课视频)。我们用一块吸水布搭在鸟嘴模型和高脚水杯之间,在毛细现象的作用下,水杯里的水会通过吸水布里的毛细管,源源不断地向上流入鸟的嘴里,并积累到鸟儿的尾部。随着水质量的增加,尾部逐渐下降而鸟嘴逐渐翘起。当水的质量达到一定临界值,水将从鸟的尾部倒出,鸟嘴则由于重力原因重新低头饮水,从而形成不间断、自动低头喝水的"饮水鸟"的效果。

最后,我们还需要特别强调一种特殊情况,那就是:当液体内部的分子引力远大于固体对液体的分子引力时,也就是液体不湿润固体的情况,比如将玻璃细管插入水银中,这时将不会出现向上升起的凹形水银柱,反而是向下沉的凸形水银柱。其相关影响因素也与上面的例子刚好相反,同样可以通过分析分子引力来推导其结果。不过,由于这种特殊的"毛细现象"在我们的日常生活中十分罕见,因此本书在这里就不做详细介绍了。

# 第5章 流体

## 5.1 流体的性质

### 5.1.1 流体的性质

液体和气体都具有流动性,统称为"流体"。流体一般由大量的、不断地做热运动而且无固定平衡位置的分子构成,流体各部分之间很容易发生相对运动,流体的基本特征是:"没有固定的形状并且具有流动性。"也正是因为液体和气体都具有流动性,它们在物理性质上表现出很多相似之处,例如,它们与处于其内部的物体之间的相互作用可以用相同的力学规律来描述,它们在外力作用下具有相似的运动规律等。而在我们的现实生活中,水和空气就是最具有代表性、同时也是最常见的流体。

由于流体的分子间距相对较大,所以实际流体除了具有共同的特性,即流动性外,通常还具有一定的"可压缩性"和"黏性"。

流体的可压缩性是指"流体的形状和体积会在外力作用下轻易发生变化"。比如,我们可以向自行车的车胎中不断地打入空气(图5.1),在车胎胶皮的巨大压力下,空气分子被紧紧地压在一起,分子间距也比自然状态时小很多,压缩空气会通过反作用力撑起车胎。也正是因为空气的可压缩性,车胎里能装下比自然状态下体积大很多的空气。如果我们在气体压缩过程中再降低环境的温度,则还可以进一步缩小气体分子间的距离,并最终得到液体形式存在的液氧、液氮等。

**图5.1　实际流体的可压缩性**

流体的黏性是"一种阻碍相邻流层流动的作用",可以通俗地理解为流层间的"内摩擦作用"。流体的黏性会使流体各部位的运动状态产生差异,比如:自然界中的河水就具有黏性,靠近底部和岸边的薄层河水由于固体的阻碍而流速近似为零,这层近似静止的薄流层会通过层间的"内摩擦作用"(也就是黏性作用)使邻近流层减速,并由此"从下往上、从外向内"形成流速逐渐增加的梯度分布。也正是因为这个原因,河道靠近底部和岸边的河水流速总是较慢,而河面尤其是河中央位置处的河水流速最快,这都是河水黏性作用的结果。类似的例子还有调咖啡,为了使咖啡充分溶解,我们通常需要用一把勺子画圈搅动,可以看到:杯子边缘的咖啡流动较慢,而中间的咖啡则快速流动,甚至能形成"漩涡"。这个例子很好地说明了:在液体的黏性作用下,液体内部的流动会有不同快慢的梯度分布。

## 5.1.2　理想流体

总体上看,流体的"可压缩性"会使流体的形状在外力作用下轻易发生改变;而流体的"黏性"则会使得流体的流动规律具有显著的局部渐变性,而没有统一的整体特征,这些实际情况都会对我们研究流体的运动规律造成困难。因此,为了方便物理学家对流体进行力学建模研究,我们必须引入一个理想的流体模型,假设其"绝对不可压缩和完全没有黏性",而这种特殊的假想流体就叫作"理想流体"。

然而，仅仅假设一个"理想流体"，并不能满足流体力学研究的建模需要。首先，流体是连续分布的物质，且各部分间容易发生相对运动，所以我们需要从流体中划出一定的研究区域。据此，物理学家们在沿着理想流体的流动方向上，假设了一根虚拟、无形的管道——"流管"。在任意时刻，流体质点都只能在流管内部流动，而不能穿越流管。就好比鱼儿无论多么活泼，都只能沿着河道游动，而不能越界(图5.2)，这样我们就可以将研究对象明确为"流管中的流体"。同时，我们还规定在流管截面上的各质点单元的运动规律必须保持一致，从而避免流体各部分相对运动带来的影响。而根据流管的以上特征，流管中任意质点单元的流动轨迹显然都具有相同的流动规律，而这种质点单元在流管中流过的轨迹则被称为"流线"。流线上每一点的切线方向与流经该点的流体质点的速度方向相同。

**图5.2 流管的设计**

最后，为了"理想流体"模型的稳定性和一致性，我们还特别规定：在确定的流管中，流体在确定时间内的流量必须是确定的，不能忽大忽小、随意变化，也就是"定常流动"。而当流体做"定常流动"时，流管中任何一点的压力、速度和密度等物理量都不随时间变化，流线的分布图样也不随时间变化。这样一来，我们就可以建立一个稳定的物理模型，对流管内理想流体的运动和力学规律进行研究了。

## 5.2 流体力学

### 5.2.1 连续性方程及其应用

在上一节的内容中,我们已经建立了一个研究理想流体力学性质的物理模型——"一根做定常流动的流管"。接下来,我们就一起通过这根"流管"来推导理想流体的第一个重要性质:理想流体的"连续性方程"。

相信每个读者都有过这样的体会:当我们用一根橡胶管浇水时,如果捏住管口,水的喷射速度就会增加,捏得越紧,水的喷射速度也就会越大,喷得也越远,这是为什么呢? 其实,当我们打开自来水后,只要不再去转动自来水的阀门,水管内的水流就属于近似的"定常流动"(图5.3)。这时,流管内各处的物理性质近似不变,水管中的水可以近似为圆柱体,且单位时间 $t$ 内从管内流出的水柱体积 $V$ 是恒定的,由于圆柱体体积等于圆柱体底面积乘以圆柱体的长度($V = Sl$),所以这时水柱的底面积 $S$ 和长度 $l$ 成反比。显然,水柱底面积 $S$ 越小,也就是水管越细,在单位时间 $t$ 内喷射出的水的长度 $l$ 越长,水流的喷射速度 $v$ 越大。由此看来,水管的截面积 $S$ 与水流的喷射速度 $v$ 应该具有相反

图5.3 连续性方程的前提是定常流动

的变化趋势,而这个变化关系所体现的物理规律,就是理想流体的"连续性方程",其数学表达式为:

$$Sv = 恒量 \tag{5.1}$$

这个式子表明:当理想流体做定常流动时,流管截面积 $S$ 与理想流体速率 $v$ 的乘积是一个恒量,或者说流管截面积 $S$ 与理想流体流速 $v$ 成反比。由于连续性方程的推导前提是"定常流动",尤其是要求流量恒定,因此"连续性方程"也常常被人们看作是"质量守恒定律"在流体力学中的具体表现形式。

连续性方程不仅简单易懂,而且在我们的日常生活中十分常见。比如,在花园给植物浇水时,为了能让管子里的水喷射更远的距离,园丁常常将管头扎得较紧,在流量恒定的情况下,通过减小流管截面积 $S$,来增加水的喷射速度 $v$,从而加大水的喷射距离 $l$。除了用水管喷水,我们打开家中的自来水,或者在倒水时,也会发现水流从上往下逐渐变细。这是因为水在重力的作用下逐渐加速,所以越是下方的水流速度较大,从而导致相对较小的流管截面积,使水流看起来从上往下逐渐变细。

连续性方程不仅可以解释水管这类小尺寸的模型,在自然界的大江大河中也有充分的体现。比如,兰州是中国唯一一座黄河穿城而过的美丽城市,在黄河兰州段由于河道宽阔,水流较为平稳,所以在白塔山畔、中山桥下,人们划着简易的羊皮筏子就能轻易渡河;但是,当黄河流入陕晋交界的壶口时,河道突然变得十分狭窄,河水在连续性方程的作用下,具有极快的流速,显得汹涌澎湃,不仅渡河较难,还能形成"壶口瀑布"的黄河奇观。

连续性方程还可以说明人体内血液循环过程中血流速度的变化情况。比如,在日常生活中我们有时会不小心被刀具割伤,如果是手腕、颈部等关键部位的动、静脉血管被割伤,就会出现"血流如注"的情况,甚至会危及生命;但是如果只是伤及表皮或者肢干的毛细血管,那么出血的情况就会大为缓解,甚至不用处理伤口也可能自然凝固。那么,同样是出血,为什么会产生这样的差异呢?尤其难以理解是:动脉比毛细血管粗,所以根据连续性方程,动脉中的血液流速应该较小,但为什么动脉出血反而会出现"喷射"的糟糕状况呢?原来,心脏虽然是周期性收缩和舒张的,但由于血管具有很好的弹性,所以血液循环仍然可以看作是"定常流动",可以满足理想流体的连续性方程规律。从主动脉到小动脉再到毛细血管,虽然单枝血管的截面积在逐渐减小,但由于数量急剧增加,血管的总截面积却是逐渐增大的,所以从主动脉到毛细血管中的血流速度是减小的;而从毛细血管到静脉则刚好相反,单枝血管虽然会变粗,但总截面积又会逐渐减少,所以血流速度是逐渐加快的。总体上看,正是各类血管总截面积的差异,才导致了动静脉和毛细血管会呈现出不同的出血症状。

### 5.2.2 伯努利方程

动量守恒定律和能量守恒定律都是自然界最核心、最基本的科学规律,其在物理学"力、热、光、电、磁"的各个分支上都有较为充分的体现。正如我们在上一节内容中所提到的,连续性方程是理想流体在动量守恒定律方面的体现。那么,理想流体在能量守恒定律的宏观掌控下,又会体现出什么样独特的物理性质呢?

在这里,为了引导读者做思维推导,我们可以对研究模型(流管)做一些形象而又合理的假设:首先,我们把流管中的"水柱"想象成一只有生命的"水鬼",这只水鬼能在流管中自由行动,且具有定量的体力 $A$(可以做功);同时,行动自由的水鬼在某个时刻还具有瞬时的动能 $E_k$ 和势能 $E_p$。那么,根据能量守恒定律,在某个确定的时刻,这只水鬼所具有的总能量就是一个恒定值,用数学式可以写为:$A + E_k + E_p =$ 恒量。又由于我们的研究对象——流管中的水柱,其体积是"可大可小"的,就好比"水鬼"变化多端,没有确定的体积。因此,在上面的能量守恒表达式中,我们需要去除体积 $V$ 的因素,也就是在式子的左右两边同时除以 $V$。显而易见,式子右边的恒量除以体积,还是一个恒量;而在式子的左边,体力 $A$(功,$A = Fl = pSl = pV$)除以体积 $V$ 会得到压强 $p$,而动能 $E_k$($E_k = \frac{1}{2}mv^2$)和势能 $E_p$($E_p = mgh$)除以 $V$,则会得到 $\frac{1}{2}\rho v^2$ 和 $\rho gh$。由此,以能量守恒定律为前提,我们便可以得到一个在流体力学方面的全新数学表达式:

$$p + \frac{1}{2}\rho v^2 + \rho gh = 恒量 \tag{5.2}$$

这个式子就是瑞士著名物理学家丹尼尔·伯努利所提出的理想流体的"伯努利方程",其表明:做定常流动时,理想流体流线上各点的压强 $p$、流速 $v$ 和其所处的高度 $h$ 之间存在一个确定的物理关系,也就是伯努利方程。这个方程被伯努利记录在1738年出版的《流体动力学》一书中,伯努利方程迄今都是流体力学领域最为经典的一个物理规律,其在我们的日常生活中也有充分的体现。

### 5.2.3 伯努利效应及其应用

理想流体的伯努利方程主要包括三个变量:压强$p$、流速$v$和高度$h$。而通常,人们对三个物理量之间的变化关系难以形成一个直观的印象,比如流速增加了,压强和高度究竟该怎么变?这并没有确定的答案。为了解决这类问题,人们习惯于假定其中一个变量是恒定的,这样才能分析另外两个变量之间的变化规律。其实早在1726年,也就是在伯努利方程提出前,伯努利通过无数次实验测量,就已经发现了等高条件下流速和压强的变化规律,即流体的"边界层表面效应",其内容是:"当流体速度加快时,流体层界面上的压强会减小,反之压强会增加。"这个效应其实很好理解,正如我们在"流体的性质"一节中曾提到过的例子:如图5.4所示,由于河水的黏性,靠近岸边的河水流速较小,水压较大;而河中央的河水流速较快,水压较小,并由此形成从河边指向河中央的水压。正是这个水压差,使在河中央游泳的人需要更大的力气才能游回岸边;也正是这个水压差,把在河边游泳或者溺水的人迅速推向河中央的危险地带。因此,我们需要尽量避免到水流湍急的河里尤其是到河中央游泳,以免造成溺水的危险。

图5.4　河水的黏性会导致流速差和压强差

伯努利所发现的"边界层表面效应"虽然没有给出完整的数学表达式,但它仍然很好地体现了:在等高定常流动条件下,流体的流速 $v$ 和压强 $p$ 之间具有"反向变化"的趋势(并非"反比例变化"),堪称"伯努利方程"的逻辑雏形。因此,这个效应也被人们称为"伯努利效应",其实质是"伯努利方程"的一个"等高推论",用数学表达式可以写为:

$$p + \frac{1}{2}\rho v^2 = 恒量 \tag{5.3}$$

根据"伯努利效应"的结论,我们可以轻松地解释生活中一些常见的物理现象,也有很多有趣的实际应用。比如:当我们把一张小纸条贴着下嘴唇,从纸条上方用力吹气时,会看到纸条向上飘起。这是因为吹气时,纸条上方具有较大的空气流速,根据"伯努利效应"可知:纸条上方具有较小的气压,而纸条下方由于空气静止而具有较大的气压,所以纸条会在气压差的作用下向上飘起,并在气流的作用下剧烈抖动。千万不要小看了这个压强差,它不仅能使纸条飘起,如果吹气的角度和力量合适,它甚至还能使沉重的金属硬币飞起(请参考本书配套慕课视频)。而在"伯努利效应"的启发下,聪明的读者还可以用嘴吹气来玩"硬币乒乓球"的游戏。在用勺子调咖啡的过程中,我们常常会看到:咖啡杯中间也就是有"漩涡"的液面会向内凹陷,而四周的液面则相对较高。其实,咖啡液面的这种差异也与"伯努利效应"有关。原来,勺子的搅动会带动咖啡做自旋运动,又由于咖啡的黏性,杯子中间部分的咖啡流速要大于靠近杯壁的部分,所以中间的液压较小,会在大气压的作用下向内凹陷。

龙卷风是一种恶劣的自然灾害,在龙卷风来临时,地面上几乎所有的物体,包括人、牲畜甚至是沉重的汽车,都可能被卷上天空。在与龙卷风斗争的漫长过程中,人们逐渐发现龙卷风有一个特殊的爱好,虽然难以卷走整栋建筑,但龙卷风却常常喜欢把屋顶掀翻。这真是奇怪的事情,难道龙卷风和屋顶之间有什么"私人恩怨"吗?其实,这个现象可以用"伯努利效应"来做出很好的解释:在风和日丽的天气时,屋顶上下空气静止,都是标准大气压;但在刮龙卷风时,由于屋顶上方的空气流速极大,气压极小,而封闭的屋内由于空气流速很小而仍然保持较大的气压。正是由于屋顶上下的气压差作用,屋顶才会被屋内的强气压掀开,并被龙卷风卷走,这就是龙卷风与屋顶之间的秘密。显而易见，在龙卷风灾害发生时，如果我们想要尽量保护房屋结构完整，恐怕打开门窗会是相对较好的选择。

在固定翼飞机的设计中，工程师则根据"伯努利效应"设计了特殊的机翼，并在飞机起飞和飞行的过程中起到了非常重要的作用。固定翼飞机的机翼通常具有弧形上沿，当飞机高速滑行时，从弧形机翼上方流过的空气由于"具有相对较远的距离"（相同的时间内要通过更远的距离），会具有较大的流速和较小的气压，而机翼下方的气压较大，这将使机翼通过压强差获得向上的升力；然后，飞机头部再适当扬起，气流在斜向下运动的同时，给飞机一个斜向上的反作用力（请参考本书配套慕课视频）。就这样，在"伯努利效应"和"牛顿第三定律"的共同作用下，飞机飞起来了。不仅是空中的飞机，地面上一些跑车也常常被设计成所谓的"流线形"，也就是上部呈光滑的圆弧状。这样一来，当"流线形"汽车启动后，会受到较大的升力作用，从而减小车轮与地面的摩擦阻力，促使汽车跑出更快的速度。

除了为飞机和跑车提供升力，"伯努利效应"还会呈现出神秘的吸引力。比如，我们打开一个吹风机，并让风竖直向上吹，同时在气流中轻轻放置一个乒乓球（请参考本书配套慕课视频）。这时，我们会看到：乒乓球不但没有被气流吹走，反而好像被一种神秘的力量吸住了一样，只能在气流中上下波动；当我们把吹风机在水平面上缓慢移动时，乒乓球也会相应地移动，并不会脱离气流。这是因为：吹风机吹出的气流速度很大，所以气流中心的气压很小；相反，气流外侧的流速较小，气压较大。所以，当乒乓球偏离气流时，就会在外界较大的气压作用下压回气流中，并由于气流支持力和自身重力的平衡而"悬浮"在气流中。

在足球比赛中，一些球星比如梅西和C罗，常常能踢出飞行轨迹呈弧线的"香蕉球"或者"电梯球"，让对方守门员一筹莫展的同时，拯救自己的球迷和球队。其实，踢出弧线球的关键在于制造旋转，运动员一般通过脚内侧或者外侧触球，在使足球向前飞行的同时产生剧烈的旋转，并最终划出一道"美妙的弧线"。如图5.5所示，在1997年的"法国杯"巴西对阵法国的足球赛中，当时巴西队获得一个距离球门正前方40米外的任意球，巴西队边后卫卡洛斯助跑后用左脚外脚背大力抽射，人们眼看着足球飞向角旗，但很快又划出一道夸张的曲线折回并命中球门右上方的死角，而法国队门将巴特兹没能做出任何反应。卡洛斯的这个进球直到如今仍然被很多资深球迷认为是人类足球史上的最佳任意球,但是就连卡洛斯本人也说不清为什么会有这样的效果,那么卡洛斯究竟是怎么做到的呢? 原来,卡洛斯是用左脚外脚背大力抽射的,这使得足球在朝角旗方向高速飞行的同时还会做逆时针旋转。在这里,我们要考虑足球与空气的相对流向:首先,如果把向前飞行的足球看成相对静止,那么原本静止的空气则可以看成在足球两侧相对向后运动。值得注意的是:此时,粗糙的球皮也会带动部分靠近球表面的空气分子向前运动,但与相对向后运动的空气相比,向前运动的空气分子太少了,根本无法扭转空气整体向后运动的大趋势,所以可以忽略;其次,足球还在做逆时针旋转,所以足球左侧会向后运动,由于球皮粗糙会带动部分表面空气分子也向后运动,与空气整体流动方向一致,所以这会导致左侧有较大的空气相对流速;相反,足球右侧的球皮则会带动表面空气分子向前运动,与空气整体流动方向相反,并因此减小右侧的空气相对流速。虽然左右两侧球皮所带动的表面空气很少,但这仍然会导致足球左右两侧的空气流速产生些许差异,并形成流速左快右慢、压强左小右大的情况,从而使足球的飞行线路向左发生偏折,呈现出弧线球的轨迹。不过,这个任意球的旋转弧度是如此惊世骇俗,还在于卡洛斯的抽射力量十足,使球的旋转速度极快,所以才能产生了这样的“超级大回旋”。当然,法国杯的比赛用球也助了卡洛斯一臂之力,因为这个球采用了新型复合泡沫材料,内部结构是排列紧密的弹性气泡,这使得足球表面更具耐磨性和摩擦性,从而更容易制造旋转。

**图5.5　足球比赛中的伯努利效应**

　　有时,在一些较为复杂的例子中,我们可能需要同时应用理想流体的"连续性方程"和"伯努利效应"进行分析。比如,我们将一个乒乓球放到玻璃漏斗的宽口面内,然后从漏斗的窄口竖直向下吹气,就会看到一个"反重力"的奇怪景象(请参考本书配套慕课视频):漏斗里的乒乓球就像被吸住了一样,虽然在漏斗中剧烈颤动,但就是掉不下来。乍一看,这个现象十分难以理解,因为乒乓球本身受到向下的重力,同时还会受到从上向下的吹气冲力,可乒乓球怎么就掉不下来呢? 究竟是什么样的神秘力量在支持漏斗里的乒乓球呢? 其实,这个现象的理解就需要同时应用到"连续性方程"和"伯努利效应"。首先,漏斗窄口的面积较小,而宽口的面积较大,根据"连续性方程"的结论,窄口的气流流速较大,而宽口的气流流速较小。再根据"伯努利效应"可知,上方的窄口流速大而气压小,下方的宽口流速小而气压大,所以乒乓球才会在窄口和宽口的"气压差"作用下保持不落下。

# 第6章　热学

## 6.1　热力学第一定律

### 6.1.1　永动机与热质说

"热"是人类最早发现的一种自然力,是地球上一切生命的起源,而火的发明和应用,则是人类第一次支配了"热"这种自然力量,并因此极大地推动了人类文明的进步。"热学"则起源于人们对冷热现象的探索,但"热学"作为一门独立的物理学分支,其创建还与当时人们的两个不切实际的臆想有关,这两个臆想就是"永动机"和"热质说"。

永动机的想法首先起源于印度,并在大约13世纪前后,经由中东地区传入欧洲。在很长一段时间里,许多人都试图制造这种"不需要消耗任何能量就可以永远做功"的机器,这种机器在历史上被称为"第一类永动机"。然而,这些永动机无论设计得多么巧妙,都不能真正地永动下去,它们要么最终停止,要么实际上还是需要给予动力或者消耗能量。就这样,无数的努力都失败了,许多"天才"的发明在实践中都被证明是不可行的,有的甚至就是骗局。就如民谚中说的那样:"既要马儿跑得快,又不给马儿吃草",这怎么可能?道理谁都懂得,但是当时的人们还是存有幻想。不过,永动机开发的持续失败,还是启发人们开始思考"做功(马儿跑)"与"能量(草)"之间的内在联系。

图6.1 热质说

　　另一方面,从很早的时候开始,人们根据在日常生活中的直观感受和经验,将"热"臆想成一种叫作"热质"(Caloric)的特殊物质,并认为热质是一种自相排斥的、无质量的流质。它不生不灭,可透入一切物体之中。一个物体是"热"还是"冷",由它所含热质的多少决定。如图6.1所示,较热的物体含有较多的热质,冷热不同的两个物体相互接触时,热质便从较热的物体自动扩散进入较冷的物体,直到两者的温度相同为止。一个物体所减少的热质,恰好等于另一物体所增加的热质。从我们的生活经验看,这个观点很好理解,也可以解释很多常见的物理现象。比如,在寒冷的冬天,我们用双手握着一个滚烫的水杯,水杯上富含的"热质"就会自动传递到我们较冷的手上,而手则因为获得"热质"这种物质而温度上升;相应地,水则因为损失"热质"而温度降低。1772年,著名化学家拉瓦锡通过实验验证了"热质"在不同温度物体间的转移,"热质说"由此开始盛行开来。与此同时,拉瓦锡还在《化学基础》一书中,首次将"热质"列在基本物质之中,而热质的单位卡路里(Calorie)也最早起源于热质(Caloric)。在拉瓦锡观点的启发下,甚至还有学者据此提出"冷"也是一种物质,即"冷质"。当然,在"热质说"的发展过程中,也有学者透过"摩擦生热"等现象发现"热"与运动有关,这启发人们开始思考"热"与"功"的本质及其转换关系。

　　虽然永动机和热质说都是人类对自然界冷热现象的错误认识,但正是对这两个错误的深入研究,使人们逐渐意识到"能、功、热"三者间具有相同的本质,而且"能、功、热"可以相互转化,这些发现使人类终于理解了冷热现象的本质,并最终建立了"热学"。

### 6.1.2　热力学第一定律

在 14—18 世纪,由于热、功、能之间的本质和转化关系尚未被揭示,人们根据自身的直观感受和生活经验提出了"热质说"。然而,随着人类对自然界认识的不断深入,以及热计量技术的发展,人们逐渐对热质说产生了怀疑。

18 世纪末,美国人伦福德成为第一个质疑"热质说"的人。如图 6.2 所示,伦福德是一个军火商,在研制大炮的过程中,他发现用刀具切削黄铜炮筒时,会产生大量的热,以至于将黄铜都熔化了。伦福德对这个现象感到非常惊讶,一连串难以回答的问题冒了出来:黄铜中怎么会含有那么多的热质? 难道这些热质源自人的身体? 可是人的身体也发热了呀? 这些多余的热质究竟是从哪里来的? 伦福德静下心来,突然想道:刀具、人和炮筒的直接接触并不能产生热,只有自己用刀具切削时才会发热。于是,伦福德推测:热可能不是一种物质,而与"运动"有关。1798 年,伦福德将自己有关"热"和"运动"关系的发现,以及对"热质说"的怀疑理由,通过一篇名为"关于摩擦产生热来源的调研"的论文呈于世人,这篇论文如多米诺骨牌一般引起了更多科学家对"热质说"的质疑和关注。在这里有一个很有趣的细节:"热质说"的主要贡献者是法国化学家拉瓦锡,而拉瓦锡则在法国大革命中因其包税人(替皇帝收税的专员)的身份而被处死,他的妻子后来续嫁给了同样热爱科学的伦福德,没想到正是伦福德点燃了推翻"热质说"理论的导火索。

图6.2　伦福德对热质说提出质疑

1799年,21岁的英国化学家戴维斯看到了伦福德的论文,他对伦福德的观点极为赞同。如图6.3所示,他当众演示,用一根绳子在冰块表面来回摩擦,结果冰融化了。显然,冰块中不可能含有足够多使自己融化的热质,绳子也不可能传导人体的热质使冰块融化,反倒是人因为运动而发热出汗了。据此,戴维斯认为:冰块融化的原因应该与绳子的摩擦运动有关,正是摩擦的"机械运动"变成了"热运动",也就是"摩擦生热"。戴维斯由此断言:"热质根本就是不存在的。"伦福德和戴维的实验彻底动摇了热质说,从那时起,几乎所有人都相信"热是一种运动"的观点,这为热学的发展扫清了最后的理论障碍。接下来,科学家们所面临的问题,就是如何揭示"热"和"运动"的本质和内在联系。

图6.3 戴维斯当众演示"摩擦生热"

到了19世纪,德国医生迈尔通过对两个现象的思考,终于对"热"和"运动"的内在联系有了更深入的认识。1840年,在一次驶往印度尼西亚的航行中,随船医生迈尔在给病人治疗时发现静脉血要比在德国时看到的鲜红很多。这个发现给迈尔留下深刻的印象,他由此想道:在热带,人体散热少,血液氧化少,静脉血含氧高所以较为鲜红。这个现象很好地说明:食物中的化学能正是通过人体内的氧化反应变为热量,并散发到环境中。而另一次,迈尔在路上看到马车奔驰而过,路面的冰雪融化了,他由此突然想到一个问题:马的肌肉之力产生了什么物理效果?在迈尔看来,马消耗食物中的化学能,并转化为奔跑的机械能,同时这个机械能又通过摩擦使路面和轴承变热。由此看来,动物可以用散热和做功两种方式使环境变热,所以"散热"和"做功"这两者之间必然有确定的转化关系,而要证明这个关系,则必须计算热功之间的转化比例,也就是"热功当量"。1842 年,迈尔在《化学与药学年鉴》杂志上发表了一篇短文,他根据气体的热容推算出热功当量大约是 $365\ kg\cdot m\cdot Cal^{-1}$,这个计算值虽然比正确值小了 17%,但也算是世界上最早公布的热功当量值了。

迈尔发表"热功当量"论文的时间最早,但其论证方式偏向于哲学思辨,缺乏确凿的实验证据,而提供最为确凿实验证据的则是英国著名物理学家焦耳。1843 年,根据迈尔有关"热功当量"的想法,焦耳设计了一个十分巧妙的实验。如图 6.4 所示,他将一个小线圈绕在铁芯上,用电流计测量产生的感生电流,线圈放在装水的容器中,通过测量水温来计算线圈产生的热量,这个容器是完全封闭的,没有内外的热量交换,水温的升高只能是电流做功转化为热的结果。在这个实验的基础上,焦耳经过多达 400 次的反复实验、改进和测量,终于得到了一个较为准确的热功当量值 $423.9\ kg\cdot m\cdot Cal^{-1}$,和现在公认值 $427\ kg\cdot m\cdot Cal^{-1}$ 已经非常接近了。焦耳的实验以精确的数据证实了"散热"和"做功"之间存在确定的转化关系,换句话说:"热"和"功"具有相同的本质,且可以自由转化,所以"热"并不是一种物质。就这样,"热功当量"的准确测量,使得迷惑与困扰人类世界一百多年的"热质说"就此退出了历史的舞台。

图 6.4　焦耳测量"热功当量"

1847年,德国物理学家赫姆霍兹在迈尔和焦耳的研究基础上进行了总结,并结合自己的实验发现,最终提出了一个新热学规律的完整表述。赫姆霍兹认为:既然迈尔认为动物可以用"散热"和"做功"两种方式使环境"变热",且两者具有相同的本质,那么"散热"和"做功"就是改变"环境热"的两种方式;同时,赫姆霍兹通过实验还证实"环境热"的本质是一种"热力学系统能量",所以可以用"内能"来表征"环境热"。由此,赫姆霍兹终于提出了一条有关"热、功、能间转化关系"的新热力学定律:"系统内能的改变量 $\Delta U$ 等于外界对系统做功 $\Delta A$ 和传热 $\Delta Q$ 之和",或者也可以通俗地说"传热和做功是改变系统内能的两种方式",这就是"热力学第一定律",其数学表达式为:

$$\Delta U = \Delta A + \Delta Q \tag{6.1}$$

热力学第一定律具有重要的科学意义,它不仅是热学建立的基础,其有关"能量转化"的内容还启发了更为宏观的"能量守恒定律"的提出,所以从本质上讲:热力学第一定律就是能量守恒定律在微观热力学系统中的体现。此外,热力学第一定律还具有重要的历史意义:一方面,热力学第一定律揭示了功、热、能之间的本质是一致的(图6.5),从而宣告"热质说"的错误;另一方面,它还揭示了"做功必须由能量或热量转化而来,不能无中生有"的实质,这使得"第一类永动机"的想法被永远扔进了历史的坟墓。

图6.5 热、功、能的一致性将热质说和永动机扔进了历史的坟墓

### 6.1.3　改变内能的方式

通过上节内容的学习,我们现在已经知道:"做功和传热是改变系统内能的两种方式",这是热力学第一定律的核心内容。其中,做功既包括我们所熟悉的摩擦生热这类"狭义功",也包括电流做功这类"广义功"。而传热则主要包括"对流、辐射和传导"这三种途径。这些传热方式不仅广泛地存在于我们的身边,还密切地影响着我们的日常生活。

首先,根据"热胀冷缩"的原理可知,系统受热膨胀会导致密度减小,而受冷收缩则会导致密度增加,所以热的、密度小的物体总上升,相反冷的物体总会下降。而"对流"则是指液体或气体通过"热升冷降"而引起的传热方式,地球就是一个天然的对流系统。通常,地表水通过吸热蒸发而升入高空,遇冷后又放热并以雨、雪的方式落回地面。当对流现象较为激烈时,甚至会出现雷暴雨、冰雹等极端天气;地球表面的对流现象不仅能引起热量的传递,还能引起气流的相对运动,而孔明灯则充分利用了这种相对运动。孔明灯是一种源于三国时期用于通信、祈福或者娱乐的工艺品,灯体采用轻薄的纸张做成,里面悬挂一盏小灯。点燃后,灯体内的空气由于被加热而密度减小,所以会向上"热对流",并会带动整个孔明灯升入空中;不过,当小灯熄灭后,灯体内的空气又会逐渐冷却,从而向下"冷对流"导致孔明灯最终掉落到地上。中国传统面点的蒸制也与"对流"现象有关,在对流蒸汽的加热作用下,蒸笼中的面点逐渐变得松软可口、香味四溢,而且越是在上层蒸笼中的面点熟得越快(图6.6)。在《西游记》狮驼岭一役,也曾出现一段与蒸笼有关的趣味场景。当时,妖怪们捉住了唐僧师徒四人,并准备将他们蒸了吃。在安放蒸笼时,一个妖怪的小头领是这么说的:"猪八戒不好烂,放在蒸笼最下层;唐僧皮白肉嫩,要放在最上面蒸。"孙大圣听了哈哈大笑,他跟沙和尚说:"但凡蒸东西都是从上面熟,小妖说八戒不好蒸放下面,真是个外行。"小妖听后恼怒不已,但还是坚持把八戒抬到了蒸笼的最上层,反而把唐僧放到最下层。这样看来,小妖确实是个厨房的外行,而对于孙大圣,还真可以说是"一个不能打妖怪的和尚一定不是一个好厨子"。

图6.6　蒸面点与热对流

　　水的对流现象还对水的结冰速度有一定影响,我们可以来做这样一个实验:有两杯清水,其中一杯是凉水,另一杯是热水。如果我们将这两杯水同时放入冰箱冷冻,会是哪杯水先完全结冰冻住呢? 通常,人们都会觉得是凉水先结冰,但事实却是热水先结冰,这是什么原因呢? 原来,凉水由于与冰箱内的温差相对较小而几乎没有杯内的对流,杯内水的热量释放途径被局限于传导和辐射,所以杯内水温的下降速度是非常缓慢的;相反,热水与杯壁的温差很大,所以杯内的水会向360°的各个方向发生对流循环。当靠近杯壁的水快速结冰时,杯子中心部位的水还很热,仍然不断地把热水通过对流循环送到杯壁上去冷却结冰,并导致热水杯内的水从外向内逐层冻住。又由于对流的传热速度远大于传导和辐射,所以热水的热量释放速度和降温速度更快,当然也就更容易结冰了。不过除了对流,也有人认为这个现象还与汽化、冰晶和相变潜热等概念有关,在此我们不再详述。

　　相对于"对流"会产生较为激烈的视觉效果,"辐射"的传热效果则显得较为隐晦。从物理定义上看,"辐射"就是"物体(辐射源)以电磁波或粒子形式实现向外传热的一种方式"。对人类而言,最常见到的自然辐射源就是太阳了。正因为太阳的辐射可以传递热量,所以寒冷地区的人们总喜欢在户外晒太阳;同时在中国,人们在购买房屋时,也喜欢选择面向南方、能被阳光更多照射的"阳面房"。在现实生活中,人们对人造辐射源也有很好的应用。比如,冬天洗澡较冷,所以我们会给浴室安装"浴霸",利用其类似于"太阳"的辐射加热原理,来避免人们在洗澡时受凉感冒;当然了,我们在卧室里常常用到的"小太阳"、电暖炉等取暖电器,也是同样应用到了辐射的传热方式。

其实,在寒冷天气,除了去户外晒晒太阳利用辐射来获取热量,我们还可以在家里用热水杯来暖手,而暖水袋则是睡觉时的最佳选择。其实,这就是传热的第三种形式:"热传导"。通常,热传导需要物体间直接接触,利用物体间的温度差来实现热量转移,是一种需要传热媒介的传热方式。根据这一原理,在寒冷的冬天,小动物们会紧紧地挨在一起,就是在利用热传导相互取暖、保持温度。同样的道理,企鹅妈妈会把蛋放在温暖的身下进行孵化,而怕冷的小企鹅也总会躲在妈妈的怀抱里。值得注意的是:热传导的传热效率与传热媒介有关,其中能高效传热的物质叫作"热的良导体",而不能有效传热的物质则叫作"热的不良导体"。比如,在炎热的夏天,当我们直接坐在一张铁板凳上时,屁股会感觉比坐在一张木椅子上更凉。这就是因为铁是热的良导体,而木头是热的不良导体,铁能更快地导走我们身体的热量,所以与铁板接触的屁股会觉得更凉快。在寒冷的冬天,妈妈给小胖准备了一件厚厚的棉袄,小胖穿上之后就感觉很温暖。可问题是:棉袄并不会自动发热,那么究竟是谁给小胖带来了温暖呢?其实,棉袄的温暖来自小胖自己。原来,棉袄中含有大量蓬松的棉花,不仅棉花包括棉花缝隙中夹裹的空气都是热的不良导体,所以棉袄能很好地阻断身体向外界的热传导,从而达到保温的目的。从这个意义上看,雪花和棉花一样,都能夹裹大量空气,从而阻止热量的散发,所以冬天地面落下的大雪也会跟棉袄一样保持大地的温暖。对此,中国很早就流传一句谚语"瑞雪兆丰年",这句话说的就是大雪能够保护冬小麦的秧苗不被冻坏,从而能有一个好收成。当然,除了保温,"瑞雪"的作用还在于可以冻死害虫以及化雪后为秧苗提供充足的水源。也正因为大雪的保温作用,所以我们在北方还能见到睡雪窝的人,睡在雪窝里甚至和睡在被子里的感觉是一样的温暖;当然啦,如果雪被压紧实变成冰块后,就不会再有保温作用,反而由于融化吸热而变成"热的良导体"了。

在很多现实情况下,传热并不仅仅依赖单一方式。比如,我们坐在篝火四周烤火,之所以感到温暖,既有源自篝火的辐射,也有篝火加热周围空气的热传导。而我们喜欢把手放到篝火上方而不是侧面去烤,则是很好地利用了对流的传热方式。又比如,我们在烧水时,火焰加热锅底,然后锅底通过热传导将热量传递给底部的水;同时,底部的水受热又会对流而上,并导致整个锅内的水都变热,所以烧水的初期水温上升较慢,而后期则显著变快。此外,根据传热的三个主要途径,人们还设计了保温瓶。首先,保温瓶口的木塞可以阻止水汽的热对流,防止热量直接散失。其次,保温瓶的内胆通常采用镜面,能有效阻止并反射开水所发出的辐射,防止辐射能损耗。最后,高级保温瓶的内胆一般还采用真空夹层的设计,通过传热媒介的消除来有效隔绝热传导;当然,一些售价便宜的保温瓶也可能采用空气夹层。这样一来,我们就可以获得一个具有良好保温性能的保温瓶了。

# 6.2  热力学第二定律

## 6.2.1  热机与冷机

根据热力学第一定律,我们现在已经知道:"做功和传热可以改变系统的内能"。那么,反过来,"能量"和"热量"又是否可以用来"做功"呢?其实,"热机"就是"一种利用工作物质连续不断地把热转化为有用功的机械装置",人们对热机的研究直接导致了蒸汽机的发明,并因此引发了重大的社会变革和人类文明的进步。

如图6.7所示,这就是一个典型的热机工作流程示意图:工作物质从高温热源吸取较大的热量 $Q_1$,然后将较小的热量 $Q_2$ 排给低温热源,并在这个过程中做 $A$ 的功。根据能量守恒定律有 $Q_1 = A + Q_2$。根据热机的工作原理,我们还可以形象地把热机比作一个人,其工作过程可以通俗地描述为:一个人在餐厅吃了 $Q_1$ 的饭,干了 $A$ 的活,最后到厕所产生了 $Q_2$ 的排泄物。显然,人的工作效率也因此可以通俗地描述为:"吃了多少饭 $Q_1$,干了多少活 $A$",也就是热机工作效率,其数学表达式为:

$$\eta = A / Q_1 \tag{6.2}$$

显然,对于一个优秀的热机,一定是耗油($Q_1$)少,而做功($A$)多;类似地,如果单纯从物理学的角度看,一个"高效率"的人就应该是"吃更少,干更多",这也就难怪过去的地主总是逼着农民干活,又不给吃饱,大概他们把农民也当成了热机,想尽量提高"工作效率"吧。从这个角度看,这些地主至少物理还学得不错。

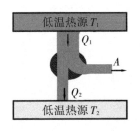

$$\eta = \frac{A}{Q_1} = \frac{Q_1 - Q_2}{Q_1} = 1 - \frac{Q_2}{Q_1} = 1 - \frac{T_2}{T_1}$$

**图6.7　热机工作流程示意图**

冷机的工作原理则与热机刚好相反,如图6.8所示,这是一个典型的冷机工作流程示意图:外界对工作物质做$A$的功,使工作物质从低温热源吸取较小的热量$Q_2$,并向高温热源排出较大的热量$Q_1$,且根据能量守恒定律有$Q_1 = Q_2 + A$。形象地看,我们也可以把冷机比作一台电冰箱,其工作过程也可以通俗地描述为:一台电冰箱耗了$A$的电,使制冷机从冰箱内吸收$Q_2$的热量,并把所吸收的热量$Q_2$以及消耗的电能$A$一起通过冷凝器排到电冰箱周围的环境中,其总排放量为$Q_1$。显然,电冰箱的工作效率可以描述为:"用了多少电$A$,吸了多少热$Q_2$",也就是冷机工作效率,其数学表达式为:

$$\varepsilon = Q_2/A \tag{6.3}$$

从冷机的工作流程我们可以看出:耗电量的高低,与冰箱的制冷效果并没有直接关系;理想的情况下,冰箱只需要消耗很少的电,就可以达到较好的制冷效果。一般来讲,环境温度与目标制冷温度越接近,电冰箱的制冷效率也越高。另一方面,由于电冰箱向环境中排放的热量是大于其吸收的热量的,所以在炎热的夏天,我们企图打开电冰箱来给房间降温的想法也是完全不可能实现的。

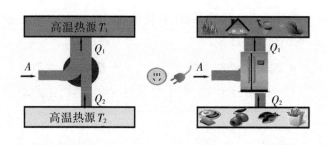

$$\varepsilon = \frac{Q_2}{A} = -\frac{T_2}{T_1 - T_2}$$

图6.8　冷机工作流程示意图

## 6.2.2　蒸汽机与工业革命

18世纪初,自从物理学在热机理论方面取得重大突破后,人们就一直尝试根据热机的工作原理来制造现实中的热机——"蒸汽机"。然而遗憾的是,当时的蒸汽机的工作效率十分低下,一台蒸汽机车还跑不过一匹马,甚至一辆马车。因此,如何才能提高蒸汽机的工作效率,就成为当时的物理学家和工程师们面临的关键问题。在这个过程中,有两个人对蒸汽机的改进做出了至关重要的贡献。

首先,法国物理学家卡诺对改进蒸汽机的工作效率做出了重要的理论贡献。卡诺毕业于法国大革命时期创建的巴黎综合工业学校,他长期从事热机研究。1824年,卡诺设计了一个特别的热力学循环,也就是著名的"卡诺循环"(图6.9),通过分析这个循环,卡诺逐渐认识到热机的工作效率存在理论极限。在研究中,卡诺把热机与水轮机相比,认为蒸汽机的锅炉(高温区)与冷凝器(低温区)之间的温度差与水轮机上下的水位差相似。对于水轮机,我们显然知道:当水从高处落向低处时可以推动轮机做功,且轮机做功的大小与水位差的大小成正比。那么类似地,蒸汽机的热量从锅炉流入冷凝器时,也可以推动活塞做功,且活塞做功的大小与锅炉和冷凝器之间的温度差成正比。根据这个想法,卡诺从热机工作效率公式出发,结合热力学第一定律,最终推导出了热机的最高理论工作效率,其数学表达式为:

$$\eta = 1 - \frac{T_2}{T_1} \qquad\qquad (6.4)$$

其中，$T_1$ 和 $T_2$ 分别指热机的锅炉（高温区）和冷凝器（低温区）的温度。从这个公式我们可以得出两个方面的重要结论：首先，热机的最高理论工作效率与高温热源和低温热源的温度有关，任何一个热机的实际工作效率都不可能超过最高理论效率；其次，要想有效提高热机的实际工作效率，并使之趋近于 1，就需要尽量提高高温热源（锅炉）的温度 $T_1$，或者降低低温热源（冷凝器）的温度 $T_2$。

图6.9　卡诺循环与蒸汽机效率公式

卡诺的理论研究结果很好地启发了英国工程师瓦特，他对蒸汽机采取了两个方面的改进措施：一方面，瓦特改进了锅炉的供气和排气系统，通过提高燃烧效率和保温性能来增加高温热源锅炉的温度；另一方面，如图6.10所示，瓦特还创新性地在锅炉旁加装了一个采用水作为冷却介质的冷凝器。通过这个设计，瓦特在提高高温热源温度的同时，还有效地降低了低温热源的温度，并因此而极大地提高了蒸汽机的实际工作效率。我们过去常说"瓦特是蒸汽机之父"，其实，瓦特并非发明了蒸汽机，其贡献主要在于从根本上提高了蒸汽机的工作效率，并使之具有了实际应用价值。

图6.10　瓦特给蒸汽机加装水冷型冷凝器

在瓦特对蒸汽机做出改进之后,高效的蒸汽机开始被广泛地用作生产动力机。1803年,美国的富尔顿利用蒸汽机作为动力发明了蒸汽轮船,这使得越洋航行变得更加安全和快捷;而英国的史蒂芬孙则发明了铁路蒸汽火车,这使得人类首次具有了远距离、大装载量且成本低廉的运输手段;此外,蒸汽机还被作为动力机广泛地用于矿山冶炼、机械加工以及棉纺织业,这些技术进步直接导致了18—19世纪欧洲国家的第一次工业革命的产生。

### 6.2.3　热力学第二定律

19世纪,高效蒸汽机在人类社会生活的方方面面都有了广泛应用。但是,追求完美的物理学家们并不满足于现状,他们开始思考究竟要采取怎样的方法,才能将蒸汽机的工作效率提高到1。在这个过程中,有人提出:如果热量可以在高温物体和低温物体之间自由转移,就不仅可以制造出效率为1的热机,还可以制造出"第二类永动机"。这个想法的基本原理是:热量从高温热源流向低温热源,并在这个过程中做功;然后,又通过某种巧妙的设计,使得热量自动从低温热源流向高温热源,并再次通过高温热源向低温热源的热量流动而做功。从理论上看,这种热机似乎可以无限循环地运行,并在这过程中持续做功,所以这种热机的设想也属于"永动机"。在当时,由于这种永动机并不违反能量守恒定律,所以相比于"第一类永动机",其对人们更具有诱惑性和迷惑性。其实,"第二类永动机"也有天生的理论漏洞,如图6.11

所示,你可能对"热量自动从低温热源向高温热源流动"的观点不置可否,但你肯定无法接受"水自动从低水位向高水位流动"的想法。但遗憾的是,在当时虽然包括瓦特在内的很多工程师和科学家都为之付出了努力,但第二类永动机也从来没有实现过。

图 6.11　第二类永动机

"第二类永动机"的关键在于热量的"流向"问题,热量在高温热源、低温热源间的流动是否自由? 这个问题也是物理学家们争论的焦点。针对这个问题,两位科学家做出了合理的分析。首先,德国物理学家克劳修斯用水的流动来类比热量的流动,如图 6.12 所示,他认为:热量从高温物体流向低温物

图 6.12　热力学第二定律的克劳修斯表述

体是自发的,是热力学方向;但如果要逆向流动,就必须发生点什么。就好比,水可以自发从高处流向低处,但如果要从低处逆流回高处,也必须发生点什么,比如使用抽水机做功或者由人来提水。但是,无论是使用抽水机还是人直接提水,都会消耗外界的能量,所以这种逆向过程要更加困难,并不能自由发生。当然,"不能自由发生"并非"不能发生",如果要发生就总要"发生点什么"。由此,克劳修斯于1850年总结道:"热量不可能从低温物体传到高温物体而不引起其他变化",这就是热力学第二定律的"克劳修斯表述",其表明了热力学过程的"自发不可逆性"以及"可逆的前提"。

1851年,英国物理学家开尔文也对热力学方向的"不可逆性"做出了贡献,开尔文采用类比法将热机比作人,他发现:"热机从高温热源所吸收的热量并不能全部转化为有用功,总会有部分热量流到低温热源而损失掉。"如图6.13所示,就好比一个人吃了饭,无论他的品格多么高尚、身体多么强健,他也不可能只干活而不产生排泄物。由此,开尔文总结道:"不存在这样一种循环,只从单一热源吸收热量并全部转变为有用功而不产生其他影响",这就是热力学第二定律的"开尔文表述"。在这句表述中,"产生其他影响"指的就是热机总要向环境中排放一些剩余的热量,类比人即为"上厕所"。热力学第二定律的"开尔文表述"具有重要的科学和历史意义,其不仅从热机的角度证实了热力学方向的不可逆性,同时还从根本上否认了"第二类永动机"的理论可能性。

图6.13　热力学第二定律的开尔文表述

热力学第二定律有关"克劳修斯表述"和"开尔文表述"的思想,也体现在著名武侠小说家金庸的作品《天龙八部》中。在这部小说中,有一位叫段誉的"小菜鸟"无意中学会了两种绝世武功:一种叫作"北冥神功",可以吸取任意高手的内力,为己所用;而另一种则叫作"六脉神剑",可以将内力以"气功剑"的形式发出伤人。在这里,我们可以尝试将"内力"理解为"热量",那么段誉这个"小菜鸟"就可以看作"低温物体",其他高手则应看作"高温物体",而"北冥神功"吸取他人内力的过程就等效于通过热传导的方式来实现"热量传递"。显然,根据热力学第二定律的"克劳修斯表述",热量从高温物体流向低温物体是自发的,所以段誉这个"小菜鸟"就能"顺理成章"地吸取高手的"内力";不过,当段誉的内力增加得足够多的时候,他又必须小心了,因为这时他又将变为"高温物体",如果想继续吸取"低温物体"的热量,这就是一个热力学方向的逆向过程,就必须"发生点什么"——即"做功"。或许正因为如此,小说中描述后来段誉在施展"北冥神功"时会"汗流浃背",这大概就体现了逆向过程中"做功"的必要性。而对于段誉的另一种绝世武功"六脉神剑",我们又可以理解为:将"热量(内力)"转化为"做功(气功剑)",这时根据热力学第二定律的"开尔文表述":热量不可能完全变为有用功而不产生其他影响。那么段誉在施展"六脉神剑"(做功)时,就必然会产生其他影响,也就是有部分内力(热量)会向低温的环境中散失掉。有趣的是,无论是否有心,金庸居然对这个物理细节也做出了较为准确的描述,小说中提到段誉在使出"六脉神剑"时,常常会"脸部通红,头顶冒气",这大概就是说:内力(热量)除了以气功剑(做功)的形式发出,还会以发热(冒气)的形式散失到环境中。

总体上看,克劳修斯和开尔文的表述虽然有区别,但都说明热力学过程总有明确的方向,都能得出"非热力学方向不能自发进行"、"非热力学方向需要做功"以及"冷机或热机效率不能达到1"的结论。所以,虽然两人的文字表述略有区别,但在思想上却是相通的。也正因为这个原因,克劳修斯和开尔文的表述都可以称为热力学第二定律。

### 6.2.4  熵增加原理

热力学第一定律给出了能量在热力学转换过程中的"总量守恒规律",而热力学第二定律则揭示了这种能量自发流动的"热力学方向性"。现在我们已经知道："能量的自发流动会产生有用功。"但是我们也注意到,做功的多少与能量的多少似乎没有直接关系,而是与能量的流动性有关。那么,这种能量流动性的本质是什么呢? 能量究竟应该流向何处? 这种流动性为什么与有用功有关? 这真是一连串难以回答的难题。

针对这些问题,德国物理学家克劳修斯通过深入思考,终于设计出了一个能很好解释"能量流动性与有用功关系"的物理模型,也就是克劳修斯在1850年提出的新物理概念"熵",它有两层含义:一方面,熵可以表示任何一种能量在空间分布的均匀程度,能量分布得越均匀,熵就越大,反之则越小;另一方面,熵可以表示系统在动力学方面不能做功的能量总数。为了更好地说明"熵、能量与有用功"之间的关系,我们可以用颜色的深浅来表示能量密度。如图6.14所示,颜色越深表示能量密度越大,颜色越浅则表示能量密度越小。当能量分布差异很大时,系统的熵很小。此时,高密度处的能量会像水一样,自发流向低密度的地方,同时将能量的差异转化为有用功。而随着这种能量分布差异性的减小,系统的熵也逐渐增加;当系统能量分布完全均匀化时,熵也达到最大值。这时,虽然系统的总能量并没有减少,但由于均匀化的能量已无法流动,所以系统也就无法再做有用功了。在这里,我们还可以借助河水发电的例子来帮助理解:河水有高度差时就会流动,而流动就可以推动发电机的叶片转动发电(也就是做"有用功");但如果失去了高度差,水的总量虽然并没有减少,但水已无法流动,自然也就不能做功发电了,此时熵极大。

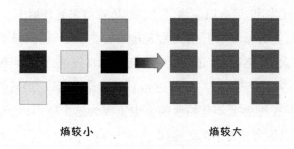

熵较小　　　　　　　熵较大

图6.14　熵与能量分布

总体上看,对于一个孤立的系统,能量只能沿着耗散和平均化的方向流动。比如水总是从高处流向低处,并最终消除水位的高度差;热量也一样,总是从高温区流向低温区，并最终消除温差；能量也是同样的道理，能量总是向着平均化的方向自发流动，在做有用功的同时，也消除掉能量分布的差异性。换句话说：系统自发平均化的结果就是"系统的熵只能增加或保持不变，而不能减少"。系统熵增加的方向，也就是能量自发流动的热力学方向，这个规律就叫作"熵增加原理"。

在熵增加原理提出后，克劳修斯又进一步认为：宇宙的总能量是恒定的，且朝着熵极大的状态变化着，当达到这个极限状态时，能量将完全均匀化，宇宙也将永远处于一种惰性的死寂状态，这就是著名的"热寂说"（图6.15）。由于热寂说是基于严谨的科学定律而预言的"世界末日"，所以在当时引发了社会恐慌和悲观情绪。不仅科学家，许多宗教人士和人文学者也同样关心这个问题，以至于后来产生了很多与"世界末日"有关的文学作品和宗教预言。直到今天，有关世界末日的话题也仍然广泛地活跃在各国的影视作品中。当然，在物理学家眼中，这种对世界末日的悲观和不安并不是因为热寂说将会导致多少亿年之后人类的灭亡，而主要是因为它在物理理论上造成了极度的混乱。因此，在接下来的很长一段时间里，证明热寂说和熵增加原理的错误就成了物理学家们面临的首要任务。

图6.15 熵增加原理和热寂说

在人们尝试证明热寂说（也就是熵增加原理）错误的过程中，麦克斯韦提出了一个很有名的、叫作"麦克斯韦妖"的例子。如图6.16所示，麦克斯韦这样假设：用一块隔板把一个装满气体分子的盒子分为 $A$、$B$ 两个部分，隔板上有一个可开启、可通过气体分子的小门,小门的开关则由一个可以分辨分子运动速度的小妖精来掌控。当A中有快速运动的分子靠近小门时,小妖精就打开小门让它进入B;相反,当A中有慢速运动的分子靠近时,小妖精就拒绝它到B中区。这样一来,在足够长的时间后,A中气体分子的运动速度将显著慢于B,也就是说A的温度低于B,这是"自发"产生的温差,也就是说"熵"是"自发"减小的。显然,这个理论如果成立,那么热寂说和熵增加原理就被推翻了。然而遗憾的是,有人很快指出:这个"熵减小"的过程看似是"自发"的,但其实是小妖精"辛苦工作"的结果。小妖精在分辨气体分子运动速度和控制阀门方面都会消耗体力(有用功),所以这个"熵减小"是以小妖精的"熵增加"为代价的,如果把小妖精也计入系统,整体上看,系统的"熵"仍然是增加的。这样一来,麦克斯韦尝试证明熵增加原理(热寂说)错误的尝试失败了。

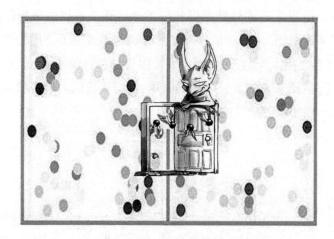

图6.16　麦克斯韦妖

人们对"热寂说"和"世界末日"的恐惧一直持续到1948年,直到美国物理学家伽莫夫提出了一个"宇宙大爆炸"的理论后,问题才迎刃而解。原来,宇宙自大爆炸后一直在膨胀,而这是一个熵减小的过程,因此宇宙熵极大的状态根本不可能出现。除了宇宙大爆炸理论,1965年发现的微波背景辐射,也很好地证明了宇宙早期物质分布相当均匀,熵极大;反而是今天宇宙中物质的分布很不均匀,且具有多样性,宇宙系统的熵较小。这个结果说明:虽然孤立的人类世界的熵是在不断增加的,但整个宇宙的熵却是在减小的。因为宇宙从早期的混沌状态(能量平均分布)下生机勃勃地复苏了,并发展出从微观粒子、原子、分子到宏观物质、星体、星系等越来越多样化的结构(能量不平均分布),而这是两个完全相反的发展过程。从进程上看,人类世界总在不断地消耗能源、制造污染,这些行为会使地球具有"熵增加"的自发趋势。但同时,地球也在持续地获得来自太阳等外界的自然补充,比如植物的光合作用,以及人类对可再生能源的应用,这些行为又会使地球的熵逐渐减小。因此,人类不仅需要控制现有化石能源的消耗速度,还要积极获取来自太阳等外界的能量补充。如果地球自身的熵增加速度小于或者等于外界使地球的熵减小的速度,我们的地球就能永远处于一个生机勃勃、充满活力的状态。

当然,今天人类对宇宙的了解尚不能预卜地球和宇宙演变的最终结局,但这些未尽之业已不属于热寂说,而是新的篇章。折磨了科学界和哲学界100多年的热寂说,总算可以作为历史的一页,放心地翻过去了。

# 6.3　热力学第三、第零定律

## 6.3.1　热力学第三定律

自从瓦特通过安装水冷型冷凝器改良蒸汽机后,人们就一直在尝试通过各种方法来进一步提高热机的工作效率,甚至想要获得工作效率为1的理想热机。在这个过程中,虽然很多工程师和科学家都付出了巨大的努力,也涌现出许多非常巧妙的设计,但终究没有人能将热机效率成功地提高到1,这究竟是为什么呢? 在这里,要想得到完美的答案,我们仍然需要关注热机效率公式(6.4)。从热机效率的表达式 $\eta = 1 - \dfrac{T_2}{T_1}$ 可以看出,要想使热机效率达到1,我们有两个选择:如图6.17所示,我们要么使系统的高温热源的温度 $T_1$ 趋于无穷大,要么使低温热源的温度 $T_2$ 达到绝对零度。但是,正如"人外有人、山外有山",宇宙中没有最高温只有更高温,所以想要获得无穷大的高温根本就是不可能的,更不用说企图靠达到无穷大高温使热机效率达到1的妄想了。

图6.17 使热机效率达到1的方案

另一方面,那是否存在降低温度的极限呢? 1702年,法国物理学家阿蒙顿倒是首次提出了"绝对零度"的最低温概念。阿蒙顿认为:空气受热时体积和压强都会随温度的增加而增加;那么反过来,当空气的压强等于零时,温度也将为零。于是,阿蒙顿通过反推计算,获得了第一个理论"绝对零度",约为-239 ℃。"绝对零度"的提出显然具有重大的理论意义,它不仅说明温度具有"最低温",而且也预示着:如果我们能将热机低温热源温度降低到绝对零度,就有可能将热机效率提高到1。在这个信念的鼓舞下,更多的科学家加入了对"绝对零度"的研究。很快,物理学家兰伯特更精确地重复了阿蒙顿的计算,并把这个温度修正为-270.3 ℃。1848年,英国物理学家开尔文在确立热力温标时,终于确认了"绝对零度"是宇宙温度的下限。在热力学的经典表述中,绝对零度下所有热运动将停止,1开尔文(K)定义为水的三相点(0.01 ℃)与绝对零度相差的1/273.15,热力学温度与摄氏度的换算关系为:$T(K) = t(℃) + 273.15$;换句话说:绝对零度就是 -273.15 ℃。

在这样令人欣喜的热学研究进展下,眼看"工作效率为1的热机"即将横空出世,但是能斯特的研究结果又给了人们当头一棒。1906年,德国物理学家能斯特在研究低温条件下物质的变化时,把热力学的原理应用到低温现象和化学反应过程中,发现了一个新的规律,这个规律被表述为:"当绝对温度趋于零时,凝聚态物质的熵(热量除以温度)的改变也将趋于零。"为了便于理解,德国物理学家普朗克把这个表述改为:"当绝对温度趋于零时,凝聚态物质的熵也趋于零。"由于熵体现了热力学方向,当熵趋于零,也就意味着温度的变化趋于零,因此绝对零度只能永远趋近,而无法真正达到。在普朗克的启发下,1912年,能斯特干脆将这一规律的表述直接修改为:"不可能使一个物体冷却到绝对零度",这就是"热力学第三定律"。1940年,英国物理学家否勒和古根海姆则从"熵"的角度进行理解,提出了热力学第三定律的另一种表述形式,即:"任何系统都不能通过有限的步骤使自身温度降低到绝对零度。"这些表述虽然在文字上有所不同,但却是相互联系的,都反映了"绝对零度只能趋近不能达到"的本质,因此都可以称为"热力学第三定律"。

热力学第三定律的直接结果就是"绝对零度不能达到",也就是说人们企图通过达到"最低温"使热机效率达到1的想法也是不可能实现的。反过来,也正因现实中的热机效率总小于1,所以可以证明"无穷大的高温和绝对零度的低温在现实中都是绝对不可能达到的"。根据这样的实质,如果我们通过一个"负温系统"来理解,热力学第三定律还可以表述为:"任何热力学系统所处的温度都只存在于一个开区间范围内,并没有最高温和最低温。"

### 6.3.2　热力学第零定律

在19—20世纪,热力学三大定律已经先后提出。这时,物理学家们又发现了一条新的热力学定律,并命名为"热力学第零定律"。可是很奇怪,这条定律为什么会叫作"第零定律"呢?它与其他三条热力学定律之间又有什么联系呢?

其实,热力学第零定律是最晚提出的一个热力学定律,它的内容是:"三个系统,如果 $A$ 与 $B$、$B$ 与 $C$ 分别达到热平衡,那么 $A$ 和 $C$ 也一定达到热平衡。"首先,这条定律的表述十分有趣,借用娱乐圈的人物关系可以通俗地理解为:因为唐嫣和杨幂是好闺蜜,而杨幂和佟丽娅是好朋友,所以可以推断唐嫣和佟丽娅也关系不错。另一方面,这条定律的文字表述非常简单,乍一看,甚至好像是废话一般。但正如热力学第一定律定义了"能量",第二定律定义了"熵",第零定律也具有重要的理论意义,它使我们可以根据"热平衡"来定义"温度",同时我们所使用的温度计也正是应用"热平衡"原理来测量温度的。

图6.18 "热力学第零定律"的来历

由于能量的转化必须由温度出发进行推导,所以从逻辑顺序的角度看,这条最晚提出的有关热平衡和温度的热力学定律应该排在定义能量的第一定律之前。但在当时,由于热力学第一定律、第二定律和第三定律早已提出,且被人们广泛认可和应用,再调换次序容易引起混乱,所以如图6.18所示,科学家们在协商后就干脆把这条新定律命名为"热力学第零定律",这就是热力学第零定律的来历。最后,还有一个有趣的现象:热力学第一定律是由迈尔、焦耳和赫姆霍兹共同提出的,而热力学第二定律则是开尔文和克劳修斯做出了主要贡献,能斯特提出了热力学第三定律,但热力学第零定律却没有提出者,只是一条理论共识。

# 第7章　振动与波动

## 7.1　振动

### 7.1.1　机械振动

在"角动量守恒定律"的学习中,我们已经认识到:平动和转动都是物体最基本的运动形式。其实,除了平动和转动,物体还有一种特殊的运动形式——"振动"。一般来说,"任何一个物理量在某一定值附近做反复变化",都可以称为振动。比如交流电中电流和电压的反复变化,电磁波中电场和磁场的反复变化等等,都属于振动的范畴。但是在以上这些振动实例中,由于电流、电压、电场等特征物理量较为抽象,所以并不适合本书读者的学习。为了让读者更好地学习振动的基本特征、规律及应用,我们这里主要讲述振动中的一种特殊形式——"机械振动"。

机械振动的物理定义是:"物体在某一平衡位置附近做的周期性往复运动。"显然,对机械振动而言,这个"反复变化的物理量"就是物体偏离平衡位置的"位移"。在自然界,几乎任何地方都存在物体的机械振动,比如钟摆的运动,钟摆静止时的位置就是平衡位置。运动时,钟摆在摆线的牵引下,绕着静止的平衡点来回持续摆动,这种机械振动显得较为对称;又比如行星的绕日运动,所有的行星都是以太阳为平衡位置,并绕着太阳做周期性往复运动,当然这种机械振动就不太对称了;同样,还有心脏的搏动,心肌周期性地收缩和舒张,也是以心肌的某个中间状态为平衡位置做不太对称的往复运动;此外,说话时声带的振动、气缸的活塞运动、琴弦的振动,甚至是分子、原子的振动等,都属于机械振动的范畴。除了以上这些我们能直观看到的生活实例,我们每一个同学的日常生活其实也与机械振动有关。如图7.1所示,我们的同学每天都会在宿舍、教室和食堂之间做"三点一线"式的周期性往复运动,所以从宏观上看,同学们的日常生活也符合"机械振动"的定义。

**图7.1　同学们日常的"三点一线"式校园生活也可看作机械振动**

唱歌的优劣也与机械振动有关,每个歌手都有自己独特的声音辨识度,但是人为什么能发出不同的声音呢?比如为什么张杰的歌声听起来仿佛融入了无穷的情感,而普通人的歌声则听起来"干瘪瘪"的?其实,各种乐器能通过机械振动发出相对单一、单调的乐声;而歌手就好比一台"人体乐器",但他比任何乐器都要复杂和完美,他集成了很多部件,比如声带、咽腔、鼻腔、口腔、舌头、口肌等等,歌声则是由以上所有部件的机械振动单元叠加而成,复合的声音会带给人更和谐、更丰富的听觉体验。在这里,为了了解和研究歌声差异的根本原因,我们需要将复杂问题简单化、模型化,将歌声的复杂振动分解为最简单的单个振动,而这种最基本的振动单元就是"简谐振动"。

### 7.1.2　简谐振动

简谐振动的定义是:"物体在回复力的作用下,在其平衡位置附近按余弦函数或正弦函数规律做周期性往复运动。"简谐振动是最基本、最简单的振动单元,任何复杂的振动其实都可以分解为若干个简谐振动的叠加;同理,不同单音(简谐振动)的叠加也会得到任何我们想要得到的声音,这也是电子合成音的基本原理。简谐振动的基本特征是"受到与位移成正比的回复力作用",比如振子在弹簧弹力的作用下所做的往复运动,就是一种简谐振动。在我们的现实生活中,我们常见的秋千和单摆都会在重力的回复力作用下做周期性的往复运动;弹簧振子和琴弦则会在弹力的回复力作用下做周期性的往复运动。因此,秋千、单摆、弹簧振子和琴弦在起振后一段不长的时间里,其运动形式都可以看作是简谐振动。

　　根据简谐振动的定义,简谐振动还可以用矢量图解法进行理解。如图7.2所示,弹簧振子在竖直方向上所做的往复运动,可以看成振子在矢量图上做"逆时针"的匀速圆周运动。同时,振子的运动在位移时间($v$-$t$)曲线图上还体现出余弦函数或正弦函数曲线的特征,而振子在三种运动图像上的位置是水平对应的。为了定量分析弹簧振子的简谐振动,我们可以用一个余弦方程(也可以采用正弦方程,但有 π/2 的相位差)来进行数学描述:

$$x=A\cos(\omega t+\varphi_0) \tag{7.1}$$

　　在构成这个余弦方程的物理量中,振幅($A$)、角频率($\omega$)和初相位($\varphi_0$)是决定其简谐振动状态的三个重要参数(态参量)。首先,振幅($A$)在振动图上表示物体离开平衡位置的最大幅度,在矢量图上表示振子做圆周运动的半径,在曲线图上则表示余弦函数或正弦函数的最大值,体现简谐振动的强弱。当我们增加振幅时,不仅可以看到弹簧振子的振动幅度明显增加,而且可以看到矢量图上振子的画圈半径也显著增大,而曲线图上函数曲线则在纵向上拉长。其次,角频率($\omega$)是一个描述振子做往复运动快慢的物理量。当我们增加角频率时,振子的振动速度以及在矢量图上的画圈速度都会显著变快。最后,初相位($\varphi_0$)则描述了振子的初始起振位置,决定于 $t=0$ 时的振动状态,当我们调节初相位时,将会看到振子从不同的位置开始运动(参量调节请参见本书配套慕课视频)。

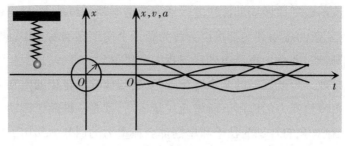

$$x = A\cos(\omega t + \varphi_0)$$

**图7.2　简谐振动的振动图(左)、矢量图(中)和曲线图(右)**

通常,一首音乐就可以分解为多个不同的简谐振动。有的音乐朗朗上口、悦耳动听,比如最常见的《小苹果》《青春修炼手册》等神曲;而有些音乐则曲调拗口、昙花一现。音乐的不同其实就在于其组成单元——简谐振动的"振幅、频率和初相位"不同。如果音乐家学会了简谐振动的相关知识,就可以对组乐进行研究,从而创作出更加优美的电子乐。

### 7.1.3　阻尼与受迫振动

简谐振动是一种理想的无阻尼自由振动,其振动系统没有考虑摩擦力和空气阻力,也没有考虑自身的能量损耗以及与外界的能量交换,所以振动的振幅可以保持不变。但是,在现实环境中由于阻尼的存在和作用,如果不能获得外界持续的能量补充,系统振动的振幅将随时间逐渐衰减,最后停止振动。比如,荡起秋千的高度和速度都将逐渐减小,并最终停止,这种振动形式就叫作"阻尼振动"。形成阻尼振动主要有两个原因:一方面,系统内部或者与外界的摩擦阻力使振动的机械能转变为内能,这叫作"摩擦阻尼",比如我们最常见的秋千;另一方面,振动物体会引起邻近质点的振动,使系统能量向四周辐射,转变为波动的能量,这叫作"辐射阻尼",如扬声器、天线振子的能量以波的形式损耗。

由于阻尼振动有能量耗损,所以系统的振幅会随着时间的增加而减小,而阻尼振动也可以叫作"减幅振动"。一般来讲,根据其减幅特征,阻尼振动可以分为三种情况。首先,当系统处于"欠阻尼"状态,也就是每个周期内的能量损耗较小时,振动物体将在回复力作用下一次或多次穿越平衡位置,并呈现出振幅逐渐减小的振动形式。生活中大多数阻尼振动都属于欠阻尼的情况,比如荡秋千、单摆、牛顿摆、蹦极、弹起的乒乓球或篮球等等。其次,当系统处于"过阻尼"状态,也就是阻尼过大时,物体在回到平衡位置前就耗完了振动能量。这时,振动物体将不能穿越平衡位置,只是快速回到平衡位置并静止,比如我们将篮球扔进一个泥坑,它将不会反复弹起,而是直接沉入坑底,并冒出几个泡泡。第三,当系统处于"临界阻尼"状态,也就是系统的能量刚好可以支持振动物体返回平衡位置时,系统将以最快的速度回到平衡位置,比如我们还是将篮球扔进一个泥坑,如果它以"最快的速度"刚好沉底,那篮球和泥坑组成的系统就属于临界阻尼的情况。在实际工作中,人们可以根据不同的应用需要,应用不同的方法来控制振动系统的阻尼大小。例如,在灵敏电流计等精密仪表的使用中,人们为了能较快地进行读数测量,就需要避免指针在零点附近摆来摆去,所以需要使指针的偏转系统在临界阻尼状态下工作,从而能以最快的速度停在示数位置。

在现实生活中,秋千的振荡就是一种典型的阻尼振动,但如果我们想要保持秋千的持续晃动,就需要人为施加一个"周期性的动力"。如图7.3所示,我们可以自己在秋千上做周期性的晃动,或者让其他人用手周期性地推动秋千,或者干脆安装一个电动机,给秋千提供充足的周期性外力(驱动力)和能量,使之能克服周期性的阻尼消耗而持续振动,这种在周期性动力作用下的振动形式就叫作"受迫振动"。

图7.3 秋千中的阻尼振动和受迫振动

做"受迫振动"的物体会呈现出两个方面的重要特性:首先,当驱动力的频率与物体的固有频率不同时,物体的实际振动频率将逐渐趋向于驱动力的频率。比如,我们将一片树叶扔到湖面,树叶会随着荡漾的水面周期性地起伏振动。因为这种振动就是受迫振动,所以树叶这时的振动频率就是湖面的振动频率,而与树叶的固有频率无关。又比如,我们将几个具有不同摆长(说明固有频率不同)的摆球挂在金属板上,无论我们拨动哪个摆球(主动球),都会通过金属板的摆动带动所有摆球摆动,刚开始虽然每个球的振动频率有一定差异,但最终都将与主动球的固有频率趋于一致(请参考本书配套慕课视频),这就是受迫振动的第一个方面的重要特性。其实,我们还可以从人生的角度来理解受迫振动的这个特性,比如我们平时遇到困难喜欢接受别人的帮助,但如果接受帮助形成了习惯,就可能"失去自我",成为他人的"傀儡"。当然,这种情况也不总是坏事,又比如:一家国有企业因为体制问题经营不善,即将倒闭。这时企业通过股份制改革,引入具有成功经验的外部力量(资金、管理和运营方式),那么这家企业的运作就必定和原来的情况不同,并在外部力量的干涉下发生"受迫振动",最终有可能重新崛起。当然,以上提到的都属于系统的固有频率和驱动力频率不一致时的情况。另一方面,如果驱动力频率接近甚至恰好等于物体的固有频率,系统做受迫振动的振幅将突然、剧烈地增加,并达到一个极大值,而这个有趣的现象就是我们接下来将要重点讲述的一种特殊的受迫振动形式——"共振"。

### 7.1.4 共振

共振在物理学上的定义是:"系统受外界动力而做受迫振动时,如果驱动力频率接近系统固有频率,受迫振动的振幅将达到极大值的现象。"而在现实生活中,人们根据直观感受和经验,也常常把共振通俗地定义为:"一个物体发生振动时,会引起另一个频率相近物体振动的现象。"以上两种定义的文字表述虽然不同,但都始终强调了共振现象发生的核心前提条件——"频率相近"。

图7.4　利用声音的"共振"现象来防范敌军夜袭

　　共振现象是宇宙中最普遍的自然现象,而我们的日常生活中最常见的共振现象则当属"声音共振",中国人对声音共振的应用,可以追溯到久远的春秋战国时代。当时的士兵在陶瓷口蒙上皮革,让听觉灵敏和睡觉警醒的哨兵在宿营时使用。如图7.4所示,"凡人马行在三十里外,东西南北皆响闻",于是就能预警敌人的夜间偷袭。在宋代,著名科学家沈括也曾巧妙地利用共振原理设计了跳舞小人,并记录在著名的科学著作《梦溪笔谈》中:如图7.5所示,他先把两张完全相同的琴隔开一定距离放置,然后剪一些小纸人分别放在远处琴的各根弦上。当弹动近处琴的某根弦线时,远处对应琴弦上的小纸人就会在声音的共振作用下跳跃、舞动。

图7.5　沈括在《梦溪笔谈》中记录的琴弦共振

又如图7.6所示,唐朝的时候,洛阳有一僧人房中挂着的一件乐器,经常莫名其妙地自动鸣响,僧人因此惊恐成疾。一位做乐官的朋友闻讯特去看望他,只见这位朋友找到一把铁锉,在乐器上锉磨几下,乐器就再也不会自动作响了。原来,这件乐器与寺院钟声的振动频率相近,所以敲钟时乐器也会因共振鸣响,而当把乐器稍微锉去一点儿,改变了它的固有频率后,乐器就不会再和钟声发生共振了。僧人闻之恍然大悟,病也就痊愈了。中国古代还有一种叫作"鱼洗"的盛水器,用青铜做成,底部有四条龙,边缘有两只盆耳。当"鱼洗"盛满水后用双手摩擦盆耳,两只盆耳所发出的声音刚好频率相同,会因共振而使铜盆嗡嗡作响,盆中的水还会起雾、溅起层层浪花,最有趣的是盆底的四条龙还可以喷出20～50厘米高的水花,寓意"风生水起",代表好运和吉祥。

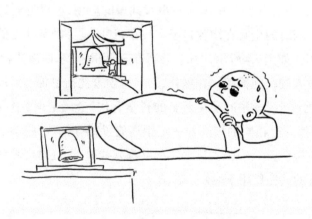

**图7.6 僧房内的莫名响动**

动物和人的身上也广泛地存在着不同形式的共振现象。炎热的夏天,蝉儿会发出"知了、知了"的声音;而在安详的夜晚,蟋蟀则会发出"叽叽"声;还有不知疲倦的大肚子蝈蝈的鸣叫声。虽然这些昆虫的鸣叫声调不太一样,但其中的共同之处都是借助了声音的共振,都是靠摩擦身体的某一部分来与空气产生共振而发声。除了昆虫之外,鸟儿也能运用共振发出圆润婉转的鸣叫声;奥巴马和特朗普之所以声音洪亮,具有非凡的演讲才能,也正是因为声带振动与喉腔空气发生完美的共振,才形成一个个音量饱满的音节。因此,可以确切地说,如果没有声音的共振,世界将会失去天籁,大地也将变得无比死寂。共振现象不仅能够加强声音,还能减弱声音,比如在教室或者卧室的窗边通常都会挂有厚厚的、松软的、多孔的窗帘,就是因为窗帘中存在很多小空穴,里面的空气就好比一个小弹簧,会在外来声音的压迫下发生振动。由于传递声音的媒介也是空气,所以小空穴中的空气很容易发生共振,将声波振动的机械能通过剧烈的摩擦转化为内能,从而减弱声音的强度。也正是由于小空穴对声音具有很好的"吸收"作用,所以电影院的墙壁需要设计为多孔结构以减少回声,KTV的墙和门也都会蒙上很厚很松的材料,起到隔音效果。此外,我们在描述大雪天的场景时,常常会用到"万籁俱寂"这个成语,之所以大雪天会很安静,也与雪的蓬松结构有关,雪里的小空穴不仅能起到保温作用,还能很好地吸收环境中的杂声,从而"万籁俱寂"。

**图7.7 拿破仑指挥士兵以整齐划一的步伐通过大桥**

共振现象有时也会带来危害。如图7.7所示,传说在19世纪初的里昂,一队拿破仑的士兵迈着整齐划一的步伐正在通过一座大桥。然而,由于士兵齐步走的频率正好与大桥的固有频率相近,这导致桥梁发生强烈的共振并且最终断裂坍塌,造成许多士兵落水丧生。对桥梁而言,不光是大队人马整齐的脚步会带来危险,那些看似无物的风儿也可能对其造成致命的威胁。1940年11月7日,美国的全长860米的塔科马大桥就因为固有频率接近当时的大风频率,从而引发了剧烈的共振并最终导致大桥的坍毁(请参见本书配套慕课视频)。也正因为这个原因,在现代桥梁和建筑的设计上一般都需要考虑自然界常见的振动频率,以彻底消除事故隐患。同样的道理,持续发出某种频率的声音可能会使具有相近固有频率的玻璃杯破碎,这便是一种科学上的"狮吼功"特效。在雪山上滑雪时,如果发出的声响频率与积雪的固有频率相近,还可能在顷刻之间造成一场大雪崩的灾难。所以在攀登雪山时,有经验的登山运动员会要求大家保持安静。没想到共振现象会带来如此猛烈的破坏效果吧?这样看来,如果当年孟姜女哭倒长城的传说是真的,那么从物理的角度来理解,大概就是因为孟姜女的哭声频率刚好与长城的固有频率相近,而引发共振所致。1948年,一艘名叫"乌兰格美奇"号的荷兰货船在通过马六甲海峡时,突然遇到海上风暴。当救援人员赶到时,发现货船安然无恙,但船员全都莫名其妙地死了。后来,警方才搞清楚这场悲剧与风暴所产生的次声波共振有关。原来,人体器官都有固有频率,比如内脏固有频率约为4~8 Hz,大脑固有频率为5~12 Hz,正好处于次声波的频谱范围(小于20 Hz);又由于这次海上风暴所引发的次声波强度极高(出现概率非常小),所以导致船员的内脏被振坏,最终死亡。而根据这个原理,现在也有科学家研制出了声波武器应用在反恐或军事行动中。

当然共振也有有利的一面。在日常生活中,我们用微波炉加热食物时,就是利用了微波炉产生的振荡电磁场的频率和食物中水分子的固有频率相近,使水分子发生共振而吸收能量,从而加热食物(这也说明微波炉更适合加热含有较多水分的食物)。收音机、电视机接收信号也是利用共振的原理,收音机和电视机通过将振荡电路的频率调到与电波信号频率相同来引起共振,再将电信号放大后转变为声音或者图像。音箱也是利用共振来使声音的低频段增强或者高频段增强。到医院做CT检查,也是利用身体各部分特殊组织对射线的共振吸收,来实现临床疾患的诊断。由此可见,共振现象和我们的生活息息相关,为了预防灾害同时也为有更多应用,我们需要掌握好共振的相关知识。

# 7.2　波动

## 7.2.1　机械波

在前面的内容中,我们主要涉及了"振动"的相关知识,而接下来我们将要学习"波动"。那么,振动和波动有什么区别和联系呢? 为了很好地说明这个问题,我们一起来看这样一个例子吧:向湖面扔一个空水瓶,我们会看到以落水点为中心,湖面上一个接一个的圆形水波向外荡漾开来,而空水瓶则在落水点上下往复振动。这个例子就很好地说明了振动与波动的区别、联系。一方面,空水瓶在落水点上下起伏,这就是振动;而空水瓶落水导致水波向外荡漾、传递开来,这就是波动。对比地提炼两者的区别:"振动是在原位置附近做周期性往复运动;而波动则是把这种振动形式向外扩散。"另一方面,我们还注意到:空水瓶落水而引起的振动是水波产生的原因,而水波上每个点(水滴)都在做与空水瓶类似的振动。所以,对比地总结两者的联系:"振动是波动产生的根源,而波动则是振动的传播。"水波形成的实例,使我们感受到水波是空水瓶机械振动的传播,而机械振动的传播就会形成"机械波"。

形成机械波有两个必要条件:首先,一定要有做机械振动的物体,也就是机械波的波源。比如在前面的例子中,空水瓶落水而引起的水面振动,就是水波形成的波源;同样,人之所以能听到声波,也是因为有人说话,人的声带振动就是声波的波源。其次,一定要存在传播这种机械振动的弹性介质。比如,水波的传递必须有水这种介质,而声波的传递也必须有空气作为介质。值得注意的是:电磁波可以在真空中传播,并不需要介质,所以电磁波不是机械波。但一般而言,机械波和电磁波都被称为"辐射波"。

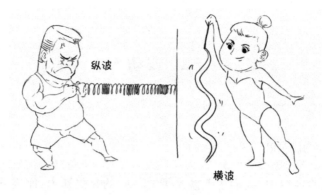

纵波

横波

图 7.8 横波和纵波

如果按照振动方向与波动方向的关系,机械波可以分为"横波"和"纵波"。首先,如果质点的振动方向与机械波的传播方向相互垂直,这种波就是"横波"。如图 7.8 所示,我们将弹性绳子的一端固定,另一端握在手上,使手拉的一端做垂直于绳子的上下振动,就可以看到一个接一个的凹凸相间的波形沿着绳子向固定端传播,从而形成绳子上的横波。值得注意的是:横波要求振动质点能带动邻近质点一起振动,所以两个质点间的相互作用力必须较强。由于液体和气体分子间的引力相对较弱,所以横波一般只能在固体中传播,其特征是具有交替出现的波峰和波谷。讲到这里,有读者可能觉得奇怪:水是液体,但水波怎么好像也符合横波的基本特征呢? 这是因为,水面由于分子引力不平衡,所以存在表面张力。正如我们在《液体的表面特性》一章中讲到的那样,表面张力使水面就像一张橡皮膜充满了弹性,所以水面和橡皮膜一样都可以传播横波。但是在水面以下,由于没有表面张力,所以也就不可能传播横波了。其次,如果质点的振动方向与机械波的传播方向相互平行,这种波就叫作"纵波"。同样如图 7.8 所示,我们将一根弹簧水平放置,用手把弹簧左右推拉,弹簧上各点受到交替变化的拉压作用,相互产生交替变化的伸长和压缩形变,从而产生疏密相间的纵波。在现实生活中,声波就是一种典型的纵波。声音在空气中的传播,就是靠空气分子间的相互挤压而向外传递开的。与横波不同的是,纵波只要求相邻质点在相互挤压时能产生作用力,所以纵波可以在固体、液体和气体中传播,其特征是具有交替出现的密部和疏部。也正因为如此,我们不仅在空气和水中可以听到声音,把耳朵贴墙甚至也能听到隔壁的说话声,这也就是所谓的"隔墙有耳"了。

最后,请读者再思考一个问题:光是一种电磁波,那么光波究竟是横波还是纵波呢?我们将在《光学》一章为大家揭晓答案。

### 7.2.2　多普勒效应

在日常生活中,我们经常会遇到波源和观察者发生相对运动的情况,这会引发辐射波频率的变化,进而产生一些有趣的现象。比如,当一辆火车迎面驶来的时候,站台上的乘客会听到火车的汽笛声变得尖锐,比平常更刺耳(频率变高);而当火车经过乘客身边飞驰离去的时候,汽笛声又会突然变得低沉,也就是音调(频率)变低。这种由于波源(火车)与观察者(站台上的乘客)的相对运动而导致辐射波频率发生变化的现象,就叫作"多普勒效应"。多普勒效应产生的原因是"波源与观察者之间发生了相对运动",结果则是"观察者接收到的机械波的频率产生了变化"。那么,波源和观察者之间的相对运动究竟是如何影响辐射波的频率的呢?

一般来讲,多普勒效应主要包括"波源相对运动"和"观察者相对运动"两种情况。首先,如果是波源相对运动而观察者相对静止,也就是火车驶过站台的情况。如图7.9所示,当波源靠近观察者时,声波会被压缩,导致波长变短,频率变高;正因为如此,驶来的火车会让人听到汽笛声变得尖锐。而当波源远离观察者时,波又会被拉伸,导致波长变长,频率变低,所以驶离的火车又会让人感觉到汽笛声变得低沉。其次,如果是波源相对静止而观察者相对运动,也就是人经过一个小喇叭的情况。当观察者靠近波源时,观察者会接收到自然传播过来的波,同时还会由于自己向前运动而额外接收到多余的波,从而导致观察者会接收到更多个数的波。又由于波的个数对应于波的频率,所以相向运动的观察者听到的波的频率会增加;反之同理,当观察者远离波源时,观察者会接收到比自然传播更少的波,所以会导致所听到波的频率减小。以上两种情况都会导致辐射波频率的增大或者减小,但是其起因是不同的,所以我们在分析时需要对具体情况略加区分。当然,我们也可以只依据因果关系,而笼统地总结出一些简单结论,即:"只要波源和观察者之间的相对距离缩短,辐射波的频率就会增加,发生蓝移;相反,当两者间的相对距离增加时,辐射波的频率就会减小,发生红移。"因为涉及频谱偏移,多普勒效应也常常被称作"多普勒频移"。

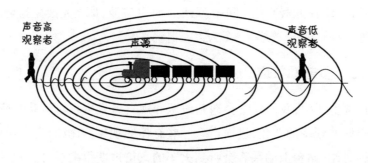

图7.9　声波多普勒效应的两种情况

多普勒效应在我们的日常生活中十分常见。比如"多普勒彩色超声",也就是人们平常所说的"彩超",就是一种利用多普勒效应来检测病人血流动力学状况的诊疗手段,探头可以持续发出某频率的声波,并通过监测回声频率的变化,来显示血管的分布和血液流动方向。蓝色表示流向探头,红色表示离开探头(请参考本书配套慕课视频)。这将有利于医生对血管和组织病变的诊治,其在临床上受到了广泛的重视和欢迎,被誉为"最安全的血管造影术"。交通警察在一些偏僻路段也常常使用一种便携式测速仪来查控车辆的超速行为,这种测速仪也应用到了多普勒效应。其工作原理是:交警利用超声雷达向路上行驶的车辆发出频率已知的超声波,然后监测车辆回声的频率变化,进而推算出车辆的行驶速度并分辨出超速行为。现在在一些大城市,装有多普勒测速仪的监视器就安装在路上方的横杆上,一旦有超速行为就会触发监视器把车牌号拍摄下来,为交警执法提供确凿的证据。

多普勒效应还可以应用到航空器定位领域,2014年3月8日,马来西亚航空公司(马航)一架载有239人、航班号为MH370的波音客机在从吉隆坡起飞不久后就与管制中心失去了联系;这架飞机计划飞往北京,乘客多为中国人。马航MH370客机失联后,包括中国在内的多国搜救队伍在南海、印度洋展开了大范围的搜寻。3月24日,国际海事组织宣布利用多普勒效应,确认了马航MH370客机可能坠毁在澳大利亚以西的海域。国际海事组织的判断依据是:在印度洋上空的海事卫星会接收到客机的自动通讯电波,如果客机静止,通讯电波将是标准频率;但事实上,海事卫星监测到的客机电波频率大多是减小的,也就是发生了多普勒红移现象,由此我们可以判断出客机正在远离卫星,并由此进一步分析出客机可能的飞行路线和坠机位置。遗憾的是,虽然搜救队伍先后发现了一些疑似的飞机残骸,但直到现在仍然没有找到马航MH370的客机主体,只留下人们无尽的伤痛与疑惑。

　　长久以来,宇宙的起源始终都是一个最难解的谜团。然而在1929年,一切都改变了,在洛杉矶的威尔逊山天文台,一个叫埃德温·哈勃的科学家在研究中做出了一个惊人的发现。他发现:从地球上的任何方向上看,宇宙中所有一切的天体,甚至整个星系,都在远离地球。其实,哈勃所依据的正是多普勒效应,因为他发现所有的天体所发出的光的波长都在增加,这说明所有的天体都在相对远离地球,也即多普勒红移现象;同时,离地球越远的天体的红移现象越明显,这就是著名的"哈勃定律"。哈勃定律不仅说明所有的天体都可能在远离地球,而且揭示了宇宙在始终膨胀的实质,更重要的是只有"宇宙大爆炸"理论能够解释宇宙所发生的整体膨胀现象。与此同时,爱因斯坦还利用相对论,根据宇宙的膨胀速度从理论上反推出了宇宙膨胀的起点——也就是宇宙大爆炸的发生时间。现在我们已经知道:宇宙的全部物质在大约150亿年前浓缩在一个无限高温的起点中,宇宙就是在这大爆炸和后续的膨胀中诞生的,这就是宇宙的起源;而多普勒效应也成为"宇宙大爆炸"理论的绝佳证据。

# 第8章 量子论和狭义相对论

## 8.1 经典物理的乌云

### 8.1.1 两朵乌云

在 19 世纪末的一天,如图 8.1 所示,一位名叫普朗克的德国青年学生对老师说:"我准备把我的一生都献给物理学。"然而,他的老师,物理学教授菲利普·冯·约利却说:"年轻人,物理学是一门已经完成的学科,不会再有发展了,将一生献给这门学科,太可惜了。"

图 8.1 普朗克的理想

其实,这并不只是菲利普教授的个人言论,同样的观点不仅笼罩着当时的整个物理学界,也体现在1900年的英国皇家学会年会上。在年会的元旦献词中,著名学者开尔文教授就曾充满自信地说:"物理学的大厦已经建成,未来的物理学家只需要再做些修修补补的工作就行了。"但是,开尔文教授毕竟是知识广博且见识卓越的科学家,在献词中除了陶醉于人类已有的物理成就,开尔文教授也敏锐地意识到:"经典物理体系虽然已经几近完善,但现在还有两朵乌云遮蔽了理论的优美和明晰。"他所说的第一朵乌云是"黑体辐射",主要指热学中的"能量均分定则"在热辐射能谱的理论解释中得出与实验不等的结果,其中尤以黑体辐射理论出现的"紫外灾难"最为突出;他所说的第二朵乌云则是"光速疑难",主要指"迈克尔孙-莫雷实验"的结果和"以太学说"的矛盾。在当时,沉浸在迎接新世纪曙光中的人们普遍认为这两朵乌云所代表的理论"不协调"只是小问题,解决它们也只是时间问题。然而,人们大概都没有想到,在接下来短短五年的时间里,正是这两朵看似小问题的乌云,竟然急速发展成为狂风暴雨,彻底摧毁了牛顿经典物理学的大厦(图8.2)。在这过程中,"黑体辐射"乌云导致了"量子论"的形成,而与"迈克尔孙-莫雷实验"相关的另一朵乌云则促进了"狭义相对论"的建立。现在,"量子论"和"狭义相对论"正是现代物理学最重要的两大理论支柱,其建立使得物理学进入了一个全新的发展时代。那么,这两朵乌云究竟为何如此厉害?在接下来的内容中,我们就一起来揭开这"两朵乌云"的神秘面纱吧。

开尔文

**图8.2　被"两朵乌云"摧毁的经典物理大厦**

## 8.2　量子论

### 8.2.1　黑体辐射

自然界中,任何具有温度的物体,由于原子、分子在不停地振动,使得物体也不断地以电磁波或者粒子的形式向外释放能量,这就是"辐射"现象。在室温下,辐射的主要成分是波长较长(红外)的电磁波,其不易被人眼所察觉;只有当温度升高时,辐射中的短波成分才会增加。比如铁块加热时,随着温度升高会依次呈现出暗红、赤红、橘红等颜色。正是由于辐射与温度有关,辐射现象也常常被称为"热辐射"。与辐射过程刚好相反,自然界中的任何物体,也在不断地接收到外来的辐射能量。一般情况下,物体会吸收一部分辐射,并将剩下的能量反射回外界。人眼之所以能看到物体的颜色,就是物体表面反射特定波长光波的结果。但是,反射现象是不利于建立"辐射-吸收平衡"的,所以为了便于研究,人们假设了一个能完全吸收辐射的理想模型,如图8.3所示:从小孔入射的辐射波,将再难以离开空腔,等效于完全吸收。而这个能完全吸收辐射的理想物体,就叫作"绝对黑体",简称"黑体"。那么接下来的问题就是:我们为什么要建立这样一个理想的物理模型呢?

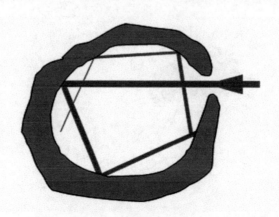

图8.3　"绝对黑体"模型

　　总体上看,宇宙间一切黑体都会以"辐射"和"吸收"的形式与外界进行双向能量交换。而当一个黑体从外界吸收的能量,恰好等于其因辐射而减少的能量时,这个黑体就达到了"热平衡"状态。其实,地球就是一个典型的热平衡系统,地球一边能吸收来自太阳的辐射能量,同时自己又以红外辐射的形式向外辐射能量,整体上看地球上的能量处于动态平衡,温度也不会显著变化。而根据"热平衡黑体的温度恒定不变"的特点,我们就可以通过黑体的辐射状况来定量分析黑体的温度了。那么,我们又是为什么想要定量分析"黑体的温度"呢? 这件事情还要从19世纪的德国说起。1870年,在铁血宰相俾斯麦的领导下,当时的德国也就是普鲁士与法国进行了一场残酷的战争,最终普鲁士取得了胜利。普法战争的胜利,使德国从法国得到了大量战争赔款和铁矿,再结合鲁尔区的煤矿,德国的钢铁工业便得到了很大的发展。炼钢的关键是控制炉温,可当时并没有可靠的高温测量设备,工人只能根据经验从钢水的颜色来估算温度。这种人眼估算当然不太靠谱,所以人们就急需知道辐射能量、频率(也就是颜色)与温度之间确定的物理关系,也就是"黑体辐射规律"。当时,人们已从实验上测定了黑体的辐射能量、频率和温度之间的一条实验曲线(图8.4),但如何从理论上导出满足实验曲线的物理公式,就成为当时的物理学家们最为关心的理论问题。看看这条简单的实验曲线,谁能想到它会掀起一场物理界的"血雨腥风",并开创物理学的一个新纪元呢?

图8.4　瑞利-琼斯公式与"紫外灾难"

对于探索新的科学规律,物理学家们首先想到的是用已有的理论体系来进行分析和推导。那么,究竟该怎样来建立黑体辐射的实验规律呢?大家知道,黑体辐射是由振动的分子发射出来的,所以这些分子在向外辐射能量的同时自身的能量也会不断地"连续"降低。请大家特别关注"连续"这个词,这是经典物理的理论基础——物理量是连续变化的,比如麦克斯韦分子速率分布律所体现的"速度分布连续性"。1894年,德国物理学家维恩以"能量连续分布"为理论前提,经过精密推算,终于得到了一个黑体辐射能量分布的公式,也就是著名的"维恩公式"。然而遗憾的是,维恩公式只在短波波段与实验曲线相符,而在长波波段明显偏离实验曲线(图8.4)。1900—1905年,在维恩的工作基础上,英国人瑞利和琼斯根据能量按自由度均分的原理,也从"能量连续分布"的角度得到了"瑞利-琼斯公式"。可是,与维恩公式的结果刚好相反。如图8.4所示,瑞利-琼斯公式在长波波段与实验相符,而在短波波段与实验曲线有明显差异。更为离谱的是,根据瑞利-琼斯公式,可以得出"黑体在短波区域会释放出无穷大能量"的结论。如果真的如此,人类就麻烦了,因为太阳就是一个辐射体,其满足黑体辐射规律。如果太阳可以辐射出无穷大的能量,那恐怕用多少防晒霜也是没用的,太阳系也将不可能有任何生命存在。正是因为这个结果十分荒谬,所以瑞利-琼斯公式在物理学史上被人们戏称为"紫外灾难"。而找不到能够符合黑体辐射实验曲线的数学公式,就成为开尔文教授口中笼罩当时物理学天空的"黑体辐射"乌云。

### 8.2.2 量子的提出

在19世纪,黑体辐射乌云带给物理学家巨大的挫折。这种恐怖的挫折感,就像雾霾一样,深深地笼罩着整个物理学界。其实,无论是维恩还是瑞利,他们都是从经典物理学的角度来理解能量,认为能量是"连续"的。基于此,德国物理学家普朗克做出了一个非同寻常的假设,如图8.5所示,他认为能量就好比水,水可以连续地倒出,但也可以一瓢一瓢、不连续地舀出;而从微观视角看,水分子就是水的最小单位,一瓢水无论多少,其质量总是单个水分子质量的整数倍,也就是说:水是"量子"的。根据这个想法,普朗克在1900年12月14日终于突破经典物理的理论限制,首次提出了能量"量子化"的概念。他认为:黑体辐射是由许多不同频率的谐振子(分子、原子可以看作谐振子)向外辐射的总和,每个谐振子的能量($\varepsilon$)只能是某一最小能量值的整数倍($n$),其中这个倍数就是"量子数",而那个不可再分的最小能量值就是"能量子",其物理表达式为:

$$\varepsilon = h\upsilon \tag{8.1}$$

式中$\upsilon$是电磁波的频率,而$h$则是著名的"普朗克常量",其大小为$h = 6.626×10^{-34}$ J·s。随后,以"能量量子化"为理论基础,普朗克写出了著名的"普朗克公式",并终于推导出了与实验曲线完全相符的黑体辐射公式。就这样,在新概念"量子"的帮助下,人们拨云见日,终于找到了正确的黑体辐射规律。

图8.5　普朗克提出了"量子"的概念

在当时,普朗克引入"量子"的新概念对经典物理绝对是一个致命的打击,所以当时很多物理学家都对这一观念表示疑惑不解,大家对普朗克公式的结果表示欢迎,但"量子"假设却受到冷遇,以至于后来很长时间里普朗克都在思考是否要放弃这个假设,重新回到经典物理的范畴。就在大家对此争论不休时,21岁的爱因斯坦却对这一新理论表现出热情支持的态度,并发展了能量量子化观念。1905年,如图8.6所示,爱因斯坦根据"光电效应"提出了"光量子"的假设。光电效应是指:"当特定波长的光照射到金属表面时,金属表面会有电子逸出的现象。"按照光的经典波动理论,因为能量是连续的,所以可以用增大振幅的方式使入射光达到足够大的能量,从而使自由电子获得足以逸出金属表面的能量。可是,人们在实验中却发现:低频率的光子无论如何都不能使电子从金属板上逸出，而如果光子频率超过某特定值，即便很短时间的照射也会使电子逸出。对此，爱因斯坦的理解是：当光子照射到金属表面时，光子能量就被电子吸收。电子把吸收能量的一部分用于克服金属表面对它的束缚，另一部分就是电子离开金属表面的动能。所以，如果光子要使电子逸出，首要条件就是光子能量要大于电子所受到的束缚能。"光电效应"的实验结果也刚好表明：电子逸出的关键不是辐照强度和时间而是辐射频率（即是否大于束缚能）。反过来看，既然"连续"的光子能量在理论上并不一定使电子逸出，那么光子的能量就应该是不连续的。于是，在光电效应的启发下，再结合普朗克的观点，爱因斯坦干脆把光子看成辐射粒子，赋予其"量子"的实在性，终于成功解释了光电效应，并由此捍卫和发展了"量子论"。需要特别指出的是：爱因斯坦当时有关光是量子化的微粒而不是波的说法也并不准确（光的波粒二象性），不过"光量子微粒"的概念在解释光电效应时显示了普朗克量子假说的巨大威力，并引起了人们对"量子"概念的重视。也正是因为"光电效应"具有这一重要的科学和历史意义，爱因斯坦在1921年被授予了他所获得的唯一一个诺贝尔物理学奖。在这里，读者们或许会觉得奇怪：爱因斯坦有关"狭义相对论"和"广义相对论"的发现显然更加伟大，但为什么却没有因此而获得诺贝尔奖呢？这个有趣问题我们将在《广义相对论》一节中为大家揭晓原因。

图8.6　爱因斯坦与"光量子"

根据普朗克所得到的"黑体辐射规律",我们通过测量物体的辐射波长,就可以了解物体温度的高低了。在这里,我们要为读者介绍两个从黑体辐射规律导出的重要结论和应用:首先,随着温度的升高,普朗克曲线峰值逐渐偏向短波,也就是蓝移。这说明"温度越高,辐射波长越短",这个规律在我们的日常生活中就有很好的应用。比如,家里的燃气灶如果发出黄红色的火焰,就可能是因为进气不足而导致火焰的燃烧温度较低所致。因此我们需要调节进气阀门,增大进气量,才能看到因为燃烧充分而具有较高温度的蓝色火焰。其次,黑体辐射规律在计算宇宙中那些距离遥远且难以接近的恒星比如太阳的表面温度方面,也具有十分重要的理论意义。根据黑体辐射的位移定律:

$$T = b/\lambda_m \qquad (8.2)$$

其中 $\lambda_m$ 是辐射光谱峰值的波长,$b$ 是一个常数($b = 2.897 \times 10^{-3}$ m·K)。根据这个公式,我们利用测得的太阳光谱的峰值波长,就可以计算出太阳的表面温度了。比如,在大气层外的卫星上,我们可以测得太阳光谱的峰值波长约为 456 nm,而把这个波长值和常数 $b$ 一起带入位移定律,我们就可以计算出太阳的表面温度约为 6353 K。

# 8.3　狭义相对论

## 8.3.1　以太假说

17 世纪,牛顿发现了万有引力定律,进而开创了经典物理的理论体系。但是很快,牛顿和物理学家们又碰上了新的难题。当时,人们普遍认为"力必须通过直接接触或者借助介质才能传递"。就好比你要揍某个人,那你的拳头就必须接触到这个人。当然了,武侠小说中的"气功"似乎不需要人体的直接接触,但也必须通过"空气"这种介质来传递"力"的作用。那么问题就来了,在茫茫的宇宙真空中,万有引力是通过什么介质传播的呢?

图8.7　牛顿引入亚里士多德的"以太假说"来解释引力介质

　　为了求得问题的完美解决，牛顿复活了古希腊哲学家亚里士多德的"以太学说"，如图8.7所示，牛顿认为在宇宙中充满了一种处于"绝对静止"状态的透明物质——"以太"，而以太就是天体间万有引力的传播介质，这就是"以太假说"。但是，以太究竟是一种什么样的物质呢？关于这个问题，牛顿自己也说不清楚。其实，只要我们略作分析就会发现"以太假说"的问题：首先，以太这种物质要遍布宇宙的每个角落，所以它必须能够承受恒星几千摄氏度的高温，以及黑暗空间接近绝对零度的低温；其次，作为万有引力的传递介质，以太必须具有超强的弹性和韧性，就像拔河用的绳子一样，能够有效传导天体间相互拖拽的巨大引力；与此同时，以太又必须像水一样，不仅透明还能让天体自由穿越而不对穿行的天体有任何拉拽作用。如图8.8所示，以太显然需要既能"拖拽"又能"不拖拽"，而能够将这样的矛盾体完美地结合在一起，这样的物质真是不可思议，甚至细思极恐。不过遗憾的是，由于牛顿的权威地位，这些明显矛盾的问题在当时并没有引起人们对"以太假说"的质疑。

图8.8　神秘而又神奇的引力介质——"以太"

不仅如此,"以太假说"的繁荣在19世纪达到了顶峰。1873年,英国物理学家麦克斯韦通过电磁方程组揭示了光的本质是电磁波。由于经典物理认为"波的传播需要借助介质",比如水波的介质是水,声波的介质是空气。所以,人们自然而然地借用牛顿的观点,认为在宇宙中绝对静止的以太正是光波的传播介质。由于"以太假说"使得牛顿力学和麦克斯韦电磁理论得到了空前的统一,因此"以太假说"也在当时被人们普遍接受。

### 8.3.2　光速疑难与迈克尔孙-莫雷实验

牛顿和麦克斯韦支持的"以太假说"在当时能解释一些物理现象,也因此受到很多科学家的认同。但是到了19世纪末,以太这种神奇物质在理论上的存在,终于引发了一个灾难性的问题,也就是"光速疑难"。这个问题是这样的:如果宇宙中真的充满了以太这种在宇宙中"绝对静止"的物质,那么光沿以太传播,而地球又在以太中自由穿行,那么地球上的人就必然会观察到光速的相对变化。因为根据经典物理的观点,速度是相对的,当测量者顺着光传播方向运动时所测光速一定偏小(所得速度称为"亚光速"),而当测量者迎着光传播方向运动时所测光速一定偏大(所得速度称为"超光速")。在地面上测风速时也会有类似的体验:如图8.9所示,如果在地面测得风速为20 m/s,那么在逆风行驶的车上测量风速肯定偏大(30 m/s),而顺风行驶的车上测得的风速则会偏小(10 m/s),也就是风速的相对性。由此可见,所测光速或者风速的大小与测量系统自身的相对运动速度也有关。可是,从麦克斯韦的电磁波动方程中,我们又可以得出一个非常确凿的结论:"真空中的光速是一个恒量,而不是相对变化的。"就这样,经典物理的"速度相对性"原理和电磁方程组推导出的"光速不变"原理刚好相反,就形成了尖锐的矛盾。而要解决这个矛盾问题,一个比较有效的办法就是:利用地球本身的运动,在不同的方向上测量光速究竟会不会出现相对变化,即是否会出现"超光速"或者"亚光速"的现象,而这又是关系到以太这种物质是否存在的关键问题。显然,如果有光速的相对变化,则一定存在以太,否则以太的存在就要打上大大的问号。由于解决问题的关键在于测量光速,所以这个问题就被人们称为"光速疑难"。

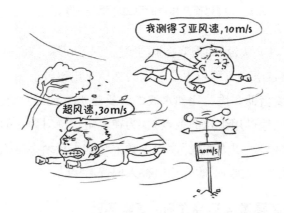

图8.9　经典理论中的"速度相对性"原理

为了验证"光速疑难"和"以太"的存在,美国物理学家迈克尔孙与莫雷在1887年合作完成了著名的"迈克尔孙—莫雷实验",又叫"以太漂移实验"。实验的目的就是测量在地球不同方向上的光速是否有差异,其依据是:地球以每秒30 km的速度绕太阳运动,并在这过程中穿越"绝对静止"的以太。因此,当一束光沿着以太从远处传递过来时,地球各个方向上一定会出现顺着、逆着或者垂直光传播方向的情况,从而导致光速差异。而根据波的干涉原理,如果这些方向上确实存在光速差异,人们就一定能观察到光波干涉条纹的变化。对本书的读者而言,迈克尔孙-莫雷实验的基本原理过于抽象,直接描述可能较难理解。为了更好地说明其实验原理,我们在这里可以用一个"游泳"的例子来帮助讨论。

图8.10　人在静止游泳池中游泳的情况

图8.11　人在流动河道中游泳的情况

如图8.10所示,我们首先想象一个游泳池中装满了水,池水相对地面是静止的。这时,如果我们把池水看作以太,就等效于以太(池水)相对地球(地面)静止。同理,我们还可以把游泳的人看作光子,这样一来,"人在水中游泳"就可以理解为"光子沿着以太传播"。由于池水静止,人无论是沿着泳道方向还是垂直泳道方向向前游,人游泳的速度总是相同的,也就是光速不变。但如果是在流动的河水中游泳,如图8.11所示,人沿着河道逆流或者顺流的游泳速度一定与垂直河道的游泳速度不同,也就是光速的差异性。然而,如图8.12所示,迈克尔孙和莫雷在这个实验中无论从哪个方向观察,都没有看到光波干涉条纹的变化,也就是"地球各个方向上的光速没有差异,是恒定不变的"。换句话说:迈克尔孙–莫雷实验证实了"光子和以太的关系"属于在"游泳池"而非在"河道"中游泳的情况。既然是在"游泳池"中游泳,那么池水(以太)和地面(地球)就一定是相对静止的。

图8.12　迈克尔孙-莫雷实验没有看到地球各个方向上的光速差异

迈克尔孙-莫雷实验的这个结果使科学家们处于一个左右为难的境地。因为人们通常认为以太在宇宙中"绝对静止",而地球在宇宙中"自由运动"。但迈克尔孙-莫雷实验又证实了"游泳池模型",即"绝对静止"的以太(池水)和"自由运动"的地球(地面)是相对静止的。这个结果意味着:人们必须认为地球就是宇宙中心,这样一来,地球和以太在宇宙中都是绝对静止的,所以两者也必然是相对静止的。不过,这个观点不仅否认了地球的自由运动,还等于倒退回亚里士多德时期的"地心说",是历史的倒退,因而绝对不可接受!而另一个选择就必然是放弃由权威牛顿提出并已经被人们广泛认可长达两百年的"以太假说",这真是让人一筹莫展!在这里,麦克斯韦的波动方程和迈克尔孙-莫雷实验能导出"光速不变"的结论,而牛顿经典物理则认为"速度是相对变化"的,如图8.13所示,"光速不变原理"和"速度相对性原理"的尖锐冲突就产生了矛盾,而且这个矛盾还关系到"以太"这种物质是否真的存在的问题,所以成为开尔文教授口中笼罩当时物理学天空的"光速疑难"乌云。

图8.13　开尔文教授口中的第二朵乌云——"光速疑难"

### 8.3.3　洛伦兹变换

在"光速疑难"的问题中,麦克斯韦的波动方程和迈克尔孙-莫雷实验所导出的"光速不变"结论与牛顿经典物理认为的"速度相对性"原理呈现出尖锐的理论矛盾。那么,物理学家们究竟该怎样来克服这对矛盾呢?

1904 年,德国物理学家洛伦兹在经典物理的范畴内首先提出了一个"修补"方案,他认为可以用一套叫作"洛伦兹变换"的数学方程组来"调和"这对矛盾的冲突。在这里,为了便于本书读者的理解,我们仍然可以用"在水中游泳"的例子来进行讨论。如图8.11所示,当河水流动时,人沿着河道逆流游泳的速度很慢,而沿着垂直河道方向的游泳速度则相对较快。但是,根据"洛伦兹变换",我们可以导出一个有趣的效应——"长度收缩"效应,这个效应是指:"当一个物体在以接近光速的速度运动时,其在运动方向上的长度将会显著收缩。"如图8.14所示,如果我们将"长度收缩"的结果应用于前面游泳的例子,就可以理解为:河水(以太)以一定速度相对人运动时,河水(以太)的长度在运动方向上将发生收缩。换句话说:逆流游泳的人虽然速度慢了,但距离也变短了,最终导致与河水静止时花的时间一样多,也就是人游泳的"速度是不变的"。显然,洛伦兹的这个设想巧妙地融合了"速度相对性"和"光速不变"这两条看似矛盾的原理,在"速度相对变化"的基础上(也就是经典物理的基础上)仍然推导出"光速不变"的结果,从而较为完美地解释了麦克斯韦波动方程和迈克尔孙–莫雷实验的不同结果。

图8.14 "长度收缩"效应导致逆流或垂直河道游泳的速度相同

除了用于解释"光速疑难","洛伦兹变换"还可以推导出一些有趣的结论,甚至预言一些黑科技的诞生。洛伦兹变换一共包括4个方程,构成一个完整的方程组,其内容反映的是两个做相对匀速运动的惯性参考系($S$和$S'$)之间的坐标变换。若$S$系的坐标轴为$x$、$y$和$z$,$S'$系的坐标轴为$x'$、$y'$和$z'$。为了方便起见,我们再假设$x$、$y$和$z$轴分别平行于$x'$、$y'$和$z'$轴,$S'$系相对于$S$系以不变的速度$v$沿$x$轴的正方向运动,当$t = t' = 0$时,$S$系和$S'$系的原点互相重合。同一个物理事件在$S$系和$S'$系中的时空坐标由下列关系式相联系:

$$\left.\begin{aligned} x' &= \frac{x - vt}{\sqrt{1 - v^2/c^2}} \\ y' &= y \\ z' &= z \\ t' &= \frac{t - vx/c^2}{\sqrt{1 - v^2/c^2}} \end{aligned}\right\} \tag{8.3}$$

其中,$v$是物体的运动速度,$c$为光速。首先,我们来看洛伦兹变换中位置坐标的表达式,也就是方程组(8.3)中的第一个式子,可以看出:物体的目标位置坐标$x'$取决于起始位置坐标$x$以及物体运动速度$v$和时间$t$。通俗地看,这个公式表明:如果我们想要快速移动到某个目标位置$x'$,就需要在极短的时间间隔内($\Delta t \approx 0$),将自己的速度$v$提升到某个接近光速的定值。这时,虽然我们或许并没有真正地移动,但我们所处的位置坐标已经发生了改变($x \rightarrow$

$x'$）。而这项"技术"在一些影视作品比如《西游记》《来自星星的你》中常常被叫作"瞬间移动"。需要特别指出的是：洛伦兹变换中的 $y'$ 和 $z'$ 的坐标表达式（方程组中的第二、三个式子）并没有发生任何变化，这说明位置坐标的变化只会发生在运动方向的维度上，而在其他维度方向上则没有任何变化。

其实，除了瞬间移动，我们还可以根据洛伦兹变换的理论结果来制造"时间机器"。接下来，我们来看洛伦兹变换中时间坐标的表达式，也就是方程组(8.3)中的最后一个式子，我们从中可以看到：物体的目标时间坐标 $t'$ 也主要决定于物体的运动速度 $v$。也就是说：如果我们输入现在的时刻 $t$ 比如2018年，再输入目标时刻 $t'$ 比如清朝，以及紫禁城的位置坐标 $x$，就可以计算出一个特定速度 $v$，而当我们在瞬间达到这个速度时，我们在理论上就可以穿越到清朝，去现场观摩晴川和八阿哥的爱情故事，或者来体验一番太子妃的花花公子之旅，这真是一个令影迷们兴奋的好消息。

然而遗憾的是，洛伦兹变换所预言的以上这些"黑科技"最终只能是一个个美好的理论设想，原因是人类根本无法将任何一个有质量的物体加速到光速甚至只是接近光速。其实，早在20世纪，欧洲的科学家们就曾在瑞士实施过一个粒子加速试验，结果显示：无论耗费多大的能量、多长的时间，人类都根本无法将一颗小小的粒子加速到接近光速，而且粒子速度越大，其速度的增加就越缓慢甚至停滞。而这个现象，就是"质量的相对论效应"，其数学表达式就是著名的"质速方程"，其内容是：

$$m = \frac{m_0}{\sqrt{1-v^2/c^2}} \tag{8.4}$$

其中，$m_0$ 是物体在相对静止的惯性系中测出的质量（简称"静止质量"），$m$ 是物体对观察者有相对速度 $v$ 时的质量，称作物体运动时的质量（亦称相对论性质量）。根据这个式子，我们可以看出：物体的质量会随着运动速度的增加而无限变大。所以，自然界中任何物体都很难被加速到接近光速的程度。光子虽然能达到光速，但光子并没有静止质量。显而易见，如果光子有静止质量，根据质速方程，其质量将趋于无穷大。如果真是这样，光子将变成一枚光速炮弹，而被阳光普照的地球、甚至太阳系内的一切天体会被瞬间摧毁。

图8.15 洛伦兹对"牛顿经典物理体系"的理论修补最终失败了

需要特别指出的是:虽然洛伦兹对"光速疑难"的矛盾进行了调和。然而,这种调和并不完美,如图8.15所示,洛伦兹所做工作的根本目的仍旧是对"牛顿经典物理体系"的修修补补,尤其是洛伦兹本人在很长一段时间里一直肯定"以太"这种物质的存在,并强烈反对爱因斯坦的"相对论"观点。而且,为了表达这种反对和区分意见,洛伦兹特意为爱因斯坦的理论取名叫"相对论",并被爱因斯坦欣然接受。由于仍然没有突破经典物理的范畴,洛伦兹的理论在解释更多现象时显得苍白无力,这种不协调的状况强烈地呼唤着新理论的诞生。

### 8.3.4 狭义相对论

本来,麦克斯韦波动方程和迈克尔孙–莫雷实验所揭示的"光速不变原理",和牛顿经典物理中的"速度相对性原理",是处于水火不容的尖锐矛盾中,洛伦兹在经典物理框架下的调和也不完美。1905年,在洛伦兹和普朗克等人工作的启发下,年轻的爱因斯坦终于突破经典物理理论的限制,从"光速不变原理"和"相对性原理"这对看似矛盾的基本原理出发(图8.16),通过严密的逻辑推理,包容性地提出了一个新的理论,这就是"狭义相对论"。

首先,爱因斯坦根据牛顿的"速度相对性原理"做出了第一个思考,他认为:如果速度的大小是相对的,那么一个以光速飞行的人就可能看到静止的

**图 8.16 爱因斯坦提出"狭义相对论"**

光波,即便达不到光速也应该可以看到光速的降低;当然,如果超过光速,光波就会倒退,这个分析结果不仅与麦克斯韦波动方程和迈克尔孙-莫雷实验所揭示的"光速不变原理"相悖,还会导致一些可怕场景和悖论事件,比如时间倒流。而"上帝"总会做出合适的安排,以避免这些悖论事件的发生。在爱因斯坦眼里,他的"上帝"就是宇宙中的物理定律,而要避免悖论事件的发生,所必须做出的"合适安排"则是假设一个理论前提:"在所有惯性系中,光在真空中的传播速度是相同的",这就是狭义相对论的第一条基本原理——"光速不变原理"。需要特别强调的是,这里所说的光速不变是指光在真空中的传播速度不变,但是光在不同介质中的传播速度是可以不一样的,比如光在玻璃中的传播速度就要小得多。1999年,科学家还甚至实现了使光以每秒17米的缓慢速度通过一堆温度接近绝对零度的钠原子的过程。

其次,爱因斯坦根据坐车时的体验做出了第二个思考,他认为:一个人坐在火车的窗边,他看到外面一列原本停靠在相邻轨道上的火车开始向后运动,这时如果不依靠其他外部参照物(比如站台),这个人很可能无法区分是自己的火车开动了,还是旁边的火车开动了。换句话说:这时无论你的火车是开动还是静止,带给你的体验都是一样的。因此,我们用物理的语言可以表达为:做匀速直线运动的火车上的运动规律,与静止不动的火车上的运动规律是一样的,所以不能单纯通过物体的运动规律来判断火车的运动状态(比如:无论是在静止的火车里还是在匀速运动的火车里,蚊子都会慢悠悠地飞行、开水冒出的热气仍然会竖直上升,没有任何区别)。据此,爱因斯坦进一步认为,不仅是运动规律,所有的物理规律都应该具有这种"无法区分"的特性,也就是"一致性"。这个说法更简明的表述就是:"物理规律在所有惯性系中都是一致的",而这就是爱因斯坦狭义相对论的第二个基本原理——"相对性原理"。其实,狭义相对论所揭示的"规律一致性"正是所有科学工作者的一种理念。由于地球在自转,同时又在绕太阳公转,所以地球上每个地点、每个时刻相对于太阳的速度都是不同的,如果物理规律在具有不同速度的惯性系中不一致,那么地球上不同地点不同时刻的物理规律都会不同,这岂不是要世界大乱了? 比如,我们今天在兰州得出的科学结论,不仅不能适用于西安,还不能适用于明天;你今天游泳要向后划水,而明天要变成向前划水;今天在兰州是同性相斥,明天到成都又变成同性相吸。这样一来,不仅我们的生活会乱套,而且我们的科学研究也就失去了意义。因此,"相对性原理"是所有科学的一条基本原理。

图8.17 光速疑难与狭义相对论

现在,根据狭义相对论的内容,我们可以这样来简单地理解"迈克尔孙-莫雷实验"的结果:如图8.17所示,地球上任意方向都处于惯性系,那么显而易见,"光速不变"这条物理规律,也一定在地球任意方向上等效,也就是光速不变。狭义相对论的提出是物理学发展历史中的一次革命性事件,狭义相对论不是一个单纯的"论调或观点",而是从普适意义的角度为物理学建立的一个更为完善的科学新体系,其地位与牛顿运动定律在经典物理中的地位一样至关重要。狭义相对论不仅揭示了牛顿所建立的经典物理学只是新体系中低速状态下的一种特殊情况,还和量子论一道引导近代物理学的研究进入了一个全新的时代。

### 8.3.5　狭义相对论效应

牛顿所建立的经典物理时空观的前提是"时间、尺度等均与速度无关",其属于不可变的绝对"三维时空";但在爱因斯坦所建立的"狭义相对论"中,不仅时间和尺度会受到速度变化的影响,其展现出的时空观也是全新的、相对变化的"四维时空"。虽然在低速状态下,牛顿和爱因斯坦的体系没有什么显著的差别,但在高速状态下,两者的区别将充分体现出来。尤其是,当物体的运动速度在接近光速时,将会出现一些神奇而又有趣的相对论效应,其最典型的效应主要包括:"同时性的相对性、时间延缓效应、长度收缩效应"。

首先,我们可以假设一辆巴士车的前窗有一盏闪烁的红灯,后窗有一盏闪烁的蓝灯。当巴士车在地面上静止时,路边的人看到两盏灯会同时闪烁;但如果巴士车以接近光速的速度运动,在路边的人看来,巴士车上那两盏本来同时闪烁的灯将不再同时闪烁,而是一前一后地亮起,其理论依据是"洛伦兹变换"(式子8.3)中的时间坐标表达式$t'$与位置坐标$x$有关;换句话说:只要两个事件发生的位置坐标$x$不同,即便$t$相同,其高速运动后的$t'$也不相同。就这样,本来同时发生($t$相同)的事情,在高速运动后就不再是同时发生的了($t'$不同),这就是"同时性的相对性"。与此同时,路边站立的行人还会惊讶地发现:当巴士车高速运动后,巴士车上本来正常转动的钟表指针突然走得很慢,时间仿佛延迟了,每个乘客的行为包括灯光的闪烁也都仿佛是在做慢动作,这就是"时间延缓"效应,其理论依据仍然与"洛伦兹变换"中的时间坐标表达式有关。除此之外,路人还会发现:高速运动的巴士车和车上的一切物体都仿佛受到了强烈的挤压,所有的物体在运动方向上的长度都会急剧收缩,速度越大,收缩越明显,这就是"长度收缩"效应,其理论依据是"洛伦兹变换"中的位置坐标表达式。当巴士车车速又逐渐降低时,以上这些效应也会逐渐舒缓,并最终恢复正常。著名物理学家伽莫夫在《物理世界奇遇记》一书中就描绘了相似的场景:如图8.18所示,当一个人骑着自行车高速运动时,路边的人发现车和人在运动方向上会变短,就像被压缩了一样;但从骑车人的视角来看,静止的自己一切正常,因缩短而变得非常奇怪的反而是路边相对高速运动的路人。当然了,我们在现实生活中是很难观察到上述"相对论效应"的,这并非"相对性效应"失效了,而是人类世界总处于低速状态。

图8.18 伽莫夫在《物理世界奇遇记》中描述的狭义相对论效应

在这里,我们需要强调:在一些教科书或者科普读物中,通常会通过一些基于牛顿经典力学的逻辑推理和比喻来解释以上的狭义相对论效应,一些读者也会尝试用牛顿力学的知识来推导这些效应,但我们特别不推荐读者这么做。因为狭义相对论与牛顿经典力学是完全不兼容的两套基本理论,透过牛顿的眼睛来看相对论效应,就好比汪星人或喵星人在教室听老师上课,这是完全不能理解的,所谓的"推导"也完全没有意义,甚至还有误导作用。所以建议读者只表象了解狭义相对论效应的现象,不必深究。当然,如果读者对理论推导特别感兴趣,可以通过洛伦兹变换来尝试推导出狭义相对论的典型效应,我们在这里不再详述。

### 8.3.6 孪生子佯谬

自爱因斯坦提出狭义相对论后,人们尝试用狭义相对论解释各种物理现象,并对其所预言的特殊效应进行实验验证,其中比较有代表性的验证实验包括六个大类:(1) 相对性原理的实验检验;(2) 光速不变原理的实验检验;(3) 时间膨胀实验;(4) 缓慢运动媒质的电磁现象实验;(5) 相对论力学实验;(6) 光子静止质量上限实验等。由于这些验证实验都先后取得了成功,狭义相对论也因此被人奉为经典。但是谁也没有想到,这个看似完美的新理论很快就遇到了一个大麻烦——孪生子佯谬! 而这个麻烦的制造者就是爱因斯坦本人。

　　孪生子佯谬起源于爱因斯坦第一篇关于狭义相对论的论文《运动物体的电动力学》。论文中,爱因斯坦举了一个有趣的例子:如图 8.19 所示,他假设地球上一对孪生兄弟中的哥哥乘坐接近光速飞行的飞船去做星际旅行,而弟弟则一直待在地球上。由于狭义相对论的时间延缓效应,所以哥哥在飞船中的时间会走得很慢,而弟弟在地球上的时间仍然正常流逝。多年后,当哥哥乘坐飞船返回地球时,会发现弟弟已经很老了,而自己由于时间延缓效应,竟然比弟弟还要年轻。那么,这个现象是否真的会发生呢? 对此,爱因斯坦凭直觉的判断是“能”,但当时他自己也并不能说清这是为什么。不过人们很快发现了这个问题的漏洞,因为根据狭义相对论,物体的运动是相对的,既然在地球上“静止”的弟弟可以认为飞船上的哥哥是运动的,那么反过来,飞船上的哥哥也可以认为自己是“静止”的,反而是地球和弟弟在一起以接近光速的速度“离开”。如果可以这样理解,那当两人再次相遇时,必然会出现哥哥比弟弟要老很多的场景。在狭义相对论的范畴来看,这两种看似矛盾的理解竟然都是完全“合理”的,但真相显然只有一个,究竟哪种理解才是正确的呢? 这个矛盾问题就是“孪生子佯谬”中的“谬(错误、谬论)”,可为什么又是“佯(假的)”的“谬”呢? 原来,为了证实这个效应,科学家们在 1971 年将铯原子钟放在飞机上,沿赤道向东绕地球一周后,回到原处,结果发现这只铯原子钟比静止在地面上的同样的钟慢了 59 纳秒,这个实验结果清楚地表明:在“孪生子佯谬”中,相对年轻的只能是进行星际旅行的哥哥,所以前面看似存在矛盾的“谬”又变成“假的”了,也就是“佯”,这就是著名的“孪生子佯谬”的来历。

图8.19　孪生子佯谬

虽然科学家们通过科学实验已经证实了飞船上哥哥的时间过得较慢,而爱因斯坦根据"直觉"也这么认为,但怎样才能解释"孪生子佯谬"呢？针对这个问题,爱因斯坦通过深入思考,再次做出了伟大的理论发现。原来,"孪生子佯谬"实际上并不存在,狭义相对论是关于惯性系的时空理论,虽然弟弟所在的地球可以看作相对"静止",但哥哥的飞船由于有加速和减速过程一定不属于惯性系,所以狭义相对论的"时间延缓效应"并不能解释飞船上"时间变慢"的现象。但巧合的是,飞船上的时间又确实变慢了,如果与"时间延缓"效应无关,那么应该是什么原因呢？对此,爱因斯坦的理解是:"飞船上的哥哥由于加速和减速过程必然在一段时间内具有加速度,而具有加速度的物体又可以等效为受到引力(见下一节的"等效原理"),正是引力(加速度)导致了飞船上时间的延缓("广义相对论"的两个核心结论之一)!"这样一来,佯谬就彻底解除了。显而易见,爱因斯坦在这段解释中所应用的理论突破了狭义相对论关于"惯性系"的限制,已经属于广义相对论关于"非惯性系"的讨论范畴了。所以说,从现在的观点来看,"孪生子佯谬"真是一个伟大的命题,其不仅解决了狭义相对论验证实验的最后一个难题,而且还间接启发爱因斯坦提出了"广义相对论"的新体系,其无论是提出过程抑或解决结果都非常令人难忘。

# 8.4　广义相对论

## 8.4.1　广义相对论

现在,我们已经知道了关于"相对性原理"的两种表述:一是伽利略的表述:"运动规律在惯性系中都是一致的";二是狭义相对论的表述:"物理规律在惯性系中都是一致的"。相比于前者,狭义相对论在自然规律的普适性方面有了很大的提高,但还存在一个限制,那就是"惯性系"。然而,我们的现实宇宙中并不存在真正的惯性系(即静止和匀速直线运动的参考系)。从小的方面看,比如你睡在固定好的床上,你觉得自己在静止的惯性系中,但事实上你和地球一起在太空中绕着太阳做高速的公转,当然还包括地球的自转。而从大的方面看,由于引力的普遍存在,宇宙中的物质若不相互转动,则迟早会被吸引到一起。因此,要保持宇宙系统的稳定,所有物质都必定要相互转动以抗衡引力作用,这也说明了宇宙中并不存在严格意义上的惯性系。如果我们只能总结一个处于"特殊惯性状态"的物理规律就显得没有意义。另一方面,要使我们的世界是可认知的,就必定要求所有的自然规律在任何参考系(包括惯性系和非惯性系)都应该具有一致性,也就是"广义协变原理"。而爱因斯坦基于对世界统一性以及完美普适性的强烈追求,也认为相对论不应该被限制在"惯性系"的范围内。因此,建立一个在任意参考系中都成立的新的"相对论"就显得很有必要,可是究竟怎样才能把物理规律的一致性从"惯性系"推广到"任意参考系"呢?

我们知道参考系包括惯性系和非惯性系,而根据爱因斯坦的设想,只有当惯性系和非惯性系等效时,物理规律的一致性才能突破惯性系的限制,而扩展到任意参考系。那么,究竟该如何证明惯性系和非惯性系的等效性呢?这还真是一个难题,就好比我们必须证明"匀速跑"和"加速跑"是等效的,太荒谬了,这怎么可能呢?

对于这个难题,爱因斯坦再次展现出了惊人的想象力,如图 8.20 所示,他提出了一个著名的思维实验——电梯实验:一个人拿着一个小球,站在一个封闭的空间,人一松手,小球就会掉落在地面。你肯定认为这个小球是在重力(引力)作用下掉落到地面的。然而,事实还并不确定! 因为如果你在一艘正在太空中做匀加速向上运动的火箭上,即便悬空的小球由于失重而没有受到任何外力的作用,它也会掉落到地上(或者说是火箭的地面撞到小球上),这个结果和在地球表面的情况完全一样。这个思维实验表明了两个等效性:首先,小球撞到地面这件事,不仅可以发生在没有引力场的匀加速火箭中,也可以发生在具有引力场的静止地面。因此,我们可以认为"没有引力场的匀加速系统与具有引力场的静止系统是等效的",或者简单地表述为"匀加速和引力场是等效的";其次,没有引力场的匀加速系统其实就是一种非惯性系,而具有引力场的静止系统则是一种惯性系,因此我们还可以据此认为"非惯性系和惯性系是等效的"。这个等效性就是爱因斯坦通过八年研究最终提出的"广义相对论"的第一条基本原理——"等效性原理"。而根据这个等效性,我们自然而然地就可以把狭义相对论的内容从"惯性系"推广到"非惯性系"中了。

**图8.20 "等效原理"的思维实验**

当然,非惯性系不仅包括匀加速系统,还包括非匀加速系统。那么对于非匀加速系统,这种等效性是否仍然成立呢? 其实,对于非匀加速系统,我们可以像积分运算那样将其分为很多的无穷小区域,而这每一个无穷小区域中的加速度近似均匀,可以等效于一个匀加速系统。这样一来,一个非匀加速系统就相当于无数个小匀加速系统的叠加,换句话说:"非匀加速系统和匀加速系统是等效的"。而这种等效性的建立,则让我们最终可以把"物理规律的一致性"从"惯性系"最终推广到"包含非惯性系的任意参考系"中了。由此,我们得到了推广后的新"相对性原理"表述:"物理规律在所有的参考系中都是一致的",而这就是爱因斯坦"广义相对论"的第二条基本原理——"广义相对性原理"。当然,在这里我们还需要特别强调:虽然"广义相对性原理"对"参考系"没有文字上的特别修饰或限制,但我们知道其对于非匀加速系统还是限定了必须在无穷小的区域内,这就好比我们在一个完全封闭的小空间里,确实无法区分自己的真实状态,但是如果我们打开窗户(突破小区域的限制),那么我们就可以根据窗外的景象来分辨出我们究竟是在地面还是在太空火箭上了。所以,如果要说"广义相对性原理"还缺一点完美,那么这个对非匀加速系统存在有"无穷小区域"的限制就姑且算是一个"小瑕疵"了吧,而未来那位最终解决这个小瑕疵的伟大物理学家会是你吗?

"狭义相对论"和"广义相对论"的提出堪称20世纪科学界最伟大的发现,然而爱因斯坦却并没有因为"相对论"的贡献而获得诺贝尔奖,这又是为什么呢?其实,自从爱因斯坦在1905年提出狭义相对论之后,他几乎每年都会被提名为诺贝尔奖获得者,但是一方面"相对论"的理论太过超前,其始终缺乏确凿的实验证据(相对论的实验证明直到2016年引力波的发现才算最终完成);另一方面,作为犹太人,爱因斯坦的"相对论"理论也受到了德国纳粹物理学家的强烈反对。所以,即便诺贝尔奖委员会多次认真考虑,还是无法下定决心给爱因斯坦颁奖。但是在1922年,爱因斯坦在科学界的威望之高已经到了任何人都无法忽视的地步,诺贝尔奖委员会甚至觉得如果不给爱因斯坦颁奖,还会降低诺贝尔奖的档次,但之前面临的两个现实问题仍然存在,那么该怎么办呢?几经考虑,诺贝尔奖委员会居然想出了一个巧妙的折中方案——1922年,他们决定把1921年的诺贝尔物理奖补发给爱因斯坦,但爱因斯坦的获奖理由不是"相对论",而是他为解释"光电效应"而提出的"光量子"概念。有趣的是,"光电效应"的发现者正好是爱因斯坦的头号反对者——德国物理学家勒纳德。

### 8.4.2 广义相对论的两个结论

爱因斯坦从"等效性原理"和"广义相对性原理"这两条基本原理出发,最终建立了广义相对论,并推导出了许多奇妙的结论。其中最有代表性的两个结论就是:"引力越大,时间越慢"和"引力越大,时空越扭曲"。

首先,让我们来试着理解"引力越大,时间越慢"的第一个结论。在游乐场坐过旋转飞椅的读者都有这样的体验:如图 8.21 所示,坐在靠外的椅子上会飞得更快、荡得更高、玩得更惊险更刺激。当然,如果拉拽椅子的绳子突然断裂,你也会被甩得更远、摔得更疼。这是因为坐在靠外侧的飞椅上,你将具有较大的旋转半径,在相同的角速度条件下,外侧椅子的旋转线速度将远远大于靠内侧的椅子,同时导致更大的向心力。由于向心力和引力具有相似性,所以如果我们用这个例子中的向心力来比拟引力,就可以得出这样一个结论:引力(向心力)越大,速度越大;而根据狭义相对论,速度越大,时间越慢;由此,以速度为"桥梁",我们就可以推导出"引力越大、时间越慢"的第一条重要结论了。又由于广义相对论的等效原理提到"匀加速和引力场是等效的",所以这个结论还可以演变为"加速度越大、时间越慢"的重要推论。而利用这条重要的推论,我们还可以为前面所提到"孪生子佯谬"问题提供一个完美的理论诠释。

图 8.21 旋转飞椅与广义相对论的两个重要结论

　　在狭义相对论中我们曾提到一个例子:有一对双胞胎兄弟,若哥哥乘坐飞船以 $0.999c$ 的近光速做匀速宇宙航行,其在飞船上的一天就相当于地球上的一年,所以理论上哥哥返回时一定会比留在地球上的弟弟年轻。然而根据狭义相对论的"相对性原理",运动是相对的,在地球上的弟弟也可以理解为:哥哥和飞船是静止的,自己和地球在以近光速远离,那么这样地球上的一天就相当于飞船上的一年,两人再相遇时就会出现弟弟比哥哥年轻很多的现象。同一个事件,两个不同角度去理解就会出现不同的结果,到底谁是对的呢? 这就是所谓的"孪生子佯谬"。其实,狭义相对论无法解释这个问题的关键在于:狭义相对论限定了"运动的相对性"仅限于惯性系,也就是说哥哥驾驶的飞船必须是匀速直线运动,在这个前提下,哥哥和弟弟都可以将自己设为静止,而认为对方在运动,从而产生不同的结论。但是实际上,如果哥哥和弟弟想要再次相遇,飞船光做匀速直线运动是不可能的,其必须要先加速离开、然后减速掉头、再加速返航、最后减速降落地球。这样看来,哥哥驾驶飞船必然经过大量的加速、减速过程,这就脱离了"狭义相对性原理"成立的理论前提,所以狭义相对论不再适用,地球上的弟弟也就不能再根据"狭义相对性原理"随意地把哥哥和飞船设为静止了。那么,这个问题该怎么分析呢? 其实,由于有加速、减速情况的出现,所以这个例子必须用到"广义相对论"的基本结论。在前面,我们已经推导出了"加速度(引力)越大、时间越慢"的重要结论,其刚好可以应用到这个例子上。由于弟弟不能把哥哥和飞船设为静止,所以其实还是哥哥和飞船在运动,又由于其做的是加速、减速运动,所以其所在参考系的时间较慢。这样一来,当哥哥驾驶飞船返回地球时,他当然只能看到年老很多的弟弟了。类似的例子还出现在好莱坞科幻巨制《星际穿越》中,当时宇航员库伯和艾米莉通过飞船下放的小艇到"米勒星球"进行探寻,虽然他们只在"米勒星球"上待了几十分钟,但返回时发现飞船上的同伴已经老得不成样子——飞船上已经是 23 年后了。这个现象发生的原因就在于"米勒星球"的质量极大,引力也极大,所以"米勒星球"上的时间过得特别慢,而飞船离"米勒星球"相对较远,时间流逝相对较快,所以才产生了 23 年的时间差。由此可见:"如果你想要延缓青春流逝的速度,恐怕多一些'压力'应该是好事儿!"

　　广义相对论所能得到的第二个重要结论则是"引力越大,时空越扭曲"。

在这里,我们仍然可以尝试利用旋转飞椅的模型(图8.21)来理解这个结论,正如我们在前面提到的那样:坐在靠外侧飞椅上的人,由于具有较大的旋转半径,从而在相同的角速度条件下具有较大的旋转线速度和向心力。一方面,我们仍然可以将向心力比作引力,所以可以理解为外侧飞椅的人受到较大的引力;另一方面,根据狭义相对论的"长度收缩"效应,飞椅越靠外侧,运动速度越大,其飞行路径越萎缩,从而导致更严重的空间扭曲。由此看来,速度起到了很好的中介作用,将"引力"和"空间扭曲"这两个看似不相关的物理量关联起来,进而让我们可以推导出"引力越大,空间越扭曲"的重要结论。值得注意的是,我们所处的空间通常包括长、宽、高三个维度,也就是所谓的"三维空间";但实际上我们的"空间"还包括第四个维度——时间,由于时间也可以被"扭曲",所以"空间"应该被修正为"时空",而相应的这个结论的表述内容也应该被更正为"引力越大,时空越扭曲"。

在此基础上,爱因斯坦进一步认为:质量是引力产生的根本原因,所以其实是质量而不是引力使四维时空发生了扭曲;或者干脆说"万有引力"并不是真正存在的,其只是巨大质量扭曲时空的一种特殊表现,并由此体现出类似于人类所体会到的"万有引力"的作用效果。其实,四维时空就好比一张绷紧铺平的毯子,一颗滚过的小玻璃球(地球)并不会使毯子平面发生可见的形变,它只是径直通过;但如果我们放上一颗大铁球(太阳),毯子平面就会发生显著的内陷,也就是大铁球附近的时空扭曲。这种扭曲还会影响滚过的小玻璃球(地球)的路径,如果速度不够快,小玻璃球会像被吸引那样绕静止的大铁球旋转并最终撞到大铁球。显然,小玻璃球看似被"吸引",并不是因为受到万有引力,而只是其运动路径因大铁球的存在而发生时空扭曲所致。换句话说:包括地球在内的行星之所以会绕太阳公转,并不是万有引力的作用结果,而是质量巨大的太阳扭曲太阳系时空的结果。行星们只能在被太阳扭曲的空间以最短的路径运动,越靠近太阳空间扭曲越严重,行星的运动轨道半径也会越小。

### 8.4.3　广义相对论效应

我们知道,一个理论要成为被人们广泛接受的科学规律,除了能解释已发生的现象外,还必须能给出高精度、可重复的实验证实。广义相对论之所以能得到广泛承认,而且爱因斯坦本人被公认为20世纪最伟大的科学家,就在于广义相对论不仅解释了许多已有的现象,而且给出了一些看似不可思议,但却得到大量实验证实的科学预言,其中最典型的四个例子当属:引力红移、轨道进动、光线偏折和引力波。

首先,"引力红移"是强引力场中天体发射的电磁波波长变长的现象。我们知道,质量的存在会导致万有引力的产生(在这里我们不严格区分"引力"和"扭曲");而根据广义相对论的结论"引力越大、时间越慢"可知,越是靠近大质量星体的地方,其引力越大,时间也将走得越慢。当光波远离大质量恒星时,随着时间变快,光波的"头部"将跑得越来越快,而"尾部"则相对较慢,这将导致光波的"拉伸"和波长的增加。这种"引力红移"现象首先在引力场很强的白矮星上被检测到。20世纪60年代,美国科学家庞德、雷布卡和斯奈德采用穆斯堡尔效应的实验方法,通过一系列巧妙的设计,测量由地面上高度相差22.6米的两点之间引力势的微小差别所造成的谱线频率的移动,其实验结果在很高的精度上定量证实了爱因斯坦有关"引力红移"效应的科学预言。

其次,根据开普勒行星运动定律,我们知道行星绕日运动的轨道是一个固定的椭圆,这与牛顿万有引力的计算结果是一致的。然而,实际的天文学观测发现,行星轨道并不是一个固定的椭圆,其轨道的近日点会不断向前移动,并最终形成如图8.22所示的神奇的花状轨迹,这就是"轨道进动"效应。这个效应以离太阳最近的水星最为显著,每个世纪水星的近日点会偏转5600.73″。根据牛顿万有引力定律,这个轨道偏转主要是由坐标系的"岁差"和其他行星的"摄动"引起的,但扣除这些影响后,仍然有约43″的误差。有人猜测这个轨道偏转误差可能源于一个比水星更靠近太阳的水内行星吸引所致,就像海王星改变天王星轨道那样,可是经过多年的观测,人们并没有找到这颗设想中的水内行星。19世纪,随着电磁理论的发展,一些科学家也曾试图用电磁理论来解释水星近日点的"轨道进动"问题,但均未能得出满意的结果。直到1916年,爱因斯坦根据广义相对论写出了行星轨道进动的计算公式。对于水星,其计算结果与水星实际轨道偏转值几乎完全一致,而水星近日点的"轨道进动"效应也就成为广义相对论在天文学方面的最有力验证之一。

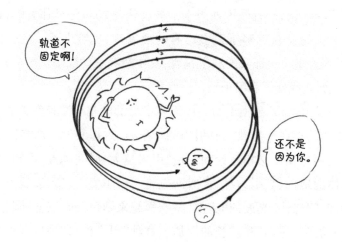

图8.22 水星的"轨道进动"效应

第三,根据牛顿第二定律$F=ma$,有质量的物体才能具有加速度从而改变运动状态。而众所周知,光子的静止质量为零,那光子是否会具有加速度呢?对于这个问题,爱因斯坦在建立广义相对论后给出了恒星光的引力偏转预言:虽然光子的静止质量($m_0$)为零,但它具有能量,而根据质能方程$E=mc^2$,能量和质量可以相互转换,所以光子就具有了运动质量($m$)。这样一来,理论上光子在引力场中会受到引力作用而具有加速度,进而发生传播路径的偏折,也就是"光线偏折"效应。在做出"光线偏折"预言的同时,爱因斯坦还给出了星光偏折角度的理论计算公式。但是,要观测和验证这种星光偏折现象是很困难的,因为太阳是距离地球最近的恒星,平时太阳光的亮度太强,所以在强阳光背景下是不可能观测到其他微弱星光的,除非能挡住太阳光,而这样的机会只出现在日全食的时候。有趣的是,爱因斯坦在1916年建立起广义相对论,而1919年5月29日就有这样的机会。当时,英国天文学家爱丁顿带领考察队赴巴西,对通过太阳表面的星光偏折进行了实测,其测量结果(1.98″)与爱因斯坦的理论预测值(1.61″)基本符合。就这样,广义相对论的有效性再一次被实验验证了。此外,由于"光线偏折"效应,人们后来还根据类似凸透镜的光线聚焦现象,观察到了大星体(比如白矮星、黑洞等)背后恒星的重像和环像,这都很好地验证了广义相对论的"光线偏折"效应。

第四,根据广义相对论,引力可以被认为是质量所导致时空扭曲的一种体现。如果一个有质量的物体开始运动,其所引发的时空扭曲也会发生变化,这种变化会以光速向外界传播,这种传播现象就被称为"引力波"。在这里,我们可以引入一个帮助理解"引力波"效应的最通俗例子:假设在某一时刻,太阳突然完全消失了。那么根据"引力波"理论,太阳所导致的"时空扭曲"将从内向外以光速渐次消失,而地球则将在八分钟后陷入黑暗并偏离原有的"公转"轨道。但是根据牛顿经典力学,物体间的万有引力作用是实时的且与"波动"无关,其传播速度是无限大。那么,究竟谁是正确的呢?显然,能否观测到"引力波",就成为回答这个问题的关键答案。但是,引力波实在是太弱了,目前人类可探测级别的引力波,主要产生于一些宇宙大事件,比如:黑洞捕捉其他星体、超新星的爆发、黑洞的形成以及多颗黑洞发生碰撞等。2016年2月11日,LIGO科学合作组织和Virgo合作团队宣布他们利用高级LIGO探测器,首次成功探测到了来自双黑洞合并(质量分布急剧变化)的引力波信号。这个观测结果不仅证实了物体相互作用(引力或者说时空扭曲)的传播速度仍然是光速的,而且还标志着爱因斯坦有关广义相对论的科学预言终于完成了最后一块拼图,所以"引力波"的发现也堪称是半个世纪以来人类世界最伟大的科学发现。

# 第9章　原子

## 9.1　对原子的初步认识

### 9.1.1　原子概念的提出

在公元前4世纪，古希腊哲学家德谟克利特首次提出了"原子"的概念，意为"世间最小的、不可分割的物质粒子"。同时，德谟克利特认为原子都是相同的，所有物体也都是由原子构成的，因此原子是物质的最小单元。就在同一时期，如图9.1所示，著名古希腊哲学家亚里士多德在反对这种"物质原子观"的同时又发展了德谟克利特的学说。他首先认为物质是连续的，可以无限分割下去；但同时，亚里士多德又认为物质应具有"干、冷、湿、热"四种不同的类型，这些物质两两结合则可以得到现实世界的各种实际物质。比如，干和冷结合可以得到土，干和热结合可以得到火，冷和湿结合可以得到水，热和湿结合则可以得到气，这大概就是元素的雏形了。在这之后，一些古代印度人也提出了类似学说，指出物质是由空气、火、泥土、水等少数基本单元构成的。

而在我国，早在公元前1000多年的殷周时期，古代中国人就提出了"五行理论"，认为万物是由"金、木、水、火、土"这五种常见的元素构成的，它们之间相生相克，这个"五行理论"和亚里士多德的"干、冷、湿、热"观点颇有相似之处。到了战国时代（公元前476年—公元前221年），墨子则主张物质不能无限分割。《墨经》中曾记载:"端,体之无序最前者也"。意思就是说:"端"是组成物体的不可分割的最原始的东西,这也算是"原子"最早的中文释义了。类似地,战国时期的儒家著作《中庸》也曾明确指出:"语小,天下莫能破焉。"对于这句晦涩的话,宋代的朱熹解释道:"天下莫能破是无内,谓如物有至小而可破作两者,是中着得一物在;若无内则是至小,更不容破了。"这些话和注解也算是对"物质存在最小基本单元"观点的认可。当然,这种观点也有一些反对意见,比如战国时期的另一部著作《庄子·天下》则提到:"一尺之棰,日取其半,万世不竭",这句话说的就是一个物体永远可以一分为二,其反映的实质就是"物质是连续分布的,没有最小单位"的观点。

图9.1 人类早期智者的"原子和元素观"

当然,人类早期智者对物质组成的这些认识大多是肤浅和表象的,也缺乏依据,更多源自个人想象,还只是处于思辨阶段。那时的"最小物质单位",并没有说清楚到底是什么物质,是一种模糊不清的概念。因此,这些观点和哲言对近代科学只具有参考价值。直到19世纪之后,随着自然科学的发展,原子的概念及其结构模型才逐渐被人们所广泛理解。

### 9.1.2 四个重要进展

19世纪,人类对原子的认识逐渐进入小尺度的微观世界,并先后取得四个重要进展,人们这才意识到原子其实并不是最小的微粒,而且原子不仅有丰富的种类,还具有复杂的微观结构。其实,原子所包含的是一个真正美妙而又神奇的迷你世界。

在这些进展里,最为重要的首当"元素周期表"的发现,这是科学史上一个重要的里程碑。1865年,英国化学家纽兰兹把元素按相对原子质量以8个为一列进行排列,显示出元素化学性质随相对原子质量的递增而表现出一定的周期性。纽兰兹把这一规律称为"八音律",但遗憾的是,"八音律"在排了两个周期后便失灵了。甚至在英国皇家化学学会的会议上,有人还讽刺他:"你为什么把元素按照相对原子质量排列,而不是按照元素名称的首字母顺序排列呢?"以此嘲笑"八音律"是异想天开。但是仅仅在4年后,俄国化学家门捷列夫仍然根据相对原子质量的大小排列元素,但他先占性地为一些未知元素留下了空位,并由此得到了具有极好物理化学周期性的新"元素周期表"。今天中学课本中的元素周期表,基本上就是当年门捷列夫给出的结果。当周期表中空位所预言的元素一个个被发现后,任何人都不再怀疑元素周期表是一条真理了。同时,元素周期表的发现还使人们恍然大悟:原子并不是单一的,原子内部一定具有不同的微观结构,所以才会产生性质变化的周期性。

接下来的重大进展则是阿伦尼乌斯的"电离学说"。自从牛顿提出万有引力定律以来,人们一直认为原子之所以能结合成分子,是由于原子间存在万有引力的作用;或者是由于原子上带有刚好匹配的"钩"和"环"。然而在1884年,如图9.2所示,瑞典青年学生阿伦尼乌斯对此提出了不同的看法。阿伦尼乌斯根据"盐能在水中溶解为带电的离子"的现象认为:原子结合成分子应该是电磁力的结果,而这个观点则被称为"电离学说"。但是在当时,阿伦尼乌斯的观点遭到导师的否定,1884年他以《电解质的导电性研究》的论文申请博士学位,答辩后被评为"有保留通过"的四等,这几乎使他失去担任乌普萨拉大学讲师资格,幸好德国著名物理化学家奥斯特瓦尔德慧眼独识,他不仅大力支持阿伦尼乌斯的观点,还亲自到乌普萨拉请他到德国里加大学任副教授,这迫使乌普萨拉大学的专家们认可了电离学说的观点,并同意聘阿伦尼乌斯为该校讲师。"电离学说"使人们首次意识到:原子不仅有丰富的微观结构,而且还带有电荷。

**图9.2　阿伦尼乌斯提出"电离学说"**

第三个有影响的进展则是"原子光谱"的发现。19世纪初，科学家们首先发现了太阳光中的谱线，然后认识到不同元素的原子具有不同的光谱，也就是"原子光谱"。后来，人们利用不同原子的光谱特性，又陆续发现了一些新的元素。但是，为什么不同的原子会有不同的光谱线？这些光谱线又为什么会有特殊的排布规律呢？这些问题，人们却始终找不到答案。1885年，如图9.3所示，瑞士数学教师巴尔末否定了传统研究中将谱线类比声音的思路，首次从寻找氢原子在可见光波段的4条谱线波长的公共因子和比例系数入手，利用几何图形分析和计算为这些谱线的波长确定了一个公共因子，最终写出了用于表示氢原子谱线波长的经验公式，也就是"巴尔末公式"。由于原子光谱与电子跃迁有关，巴尔末的这个发现使人们意识到：原子内部不仅含有电子，而且一定还包含有丰富的能级结构，可供电子跃迁并发出不同的特征光谱线。

图9.3　巴尔末发现"原子光谱"的秘密

最后一个重要进展则是"放射性"的发现。1895年,德国人伦琴首次发现:用高速电子轰击金属靶时,会产生一种穿透力很强、看不见的射线。当他把手放在射线源和屏幕之间时,竟然会留下骨骼的影子;由于当时并不了解这种神秘的射线是什么,所以人们干脆用通常表示未知量的数学符号"X"来命名这种射线,也就是"X射线"。X射线的发现不仅为开创医疗影像技术铺平了道路,还直接影响了20世纪许多重大科学发现,伦琴也因此在1901年被授予人类历史上第一个诺贝尔物理学奖。后来,为了纪念伦琴的伟大成就,X射线在许多国家都被称为伦琴射线,另外,第111号化学元素Rg也是以伦琴的名字命名的。

图9.4　贝克勒尔发现了铀元素的放射性

　　1896 年, 法国著名物理学家贝克勒尔也发现了铀元素的放射性, 如图 9.4 所示, 他偶然把一块铀矿石放在一张感光胶片上, 恰巧矿石和胶片之间放着一把钥匙。不久, 贝克勒尔发现胶片已经感光, 并留下了钥匙的影子。如图 9.5 所示, 贝克勒尔在临终前把揭开这一现象背后之谜的重要工作交给了他最聪明的两位学生——玛丽·居里和皮埃尔·居里, 也就是居里夫妇。后来, 经过艰苦而又细致的实验研究, 居里夫妇终于揭示了钥匙影子的谜底, 原来, 钥匙的影子是铀原子的辐射粒子在胶片上感光的结果, 这说明铀也具有放射性; 为了纪念贝克勒尔对发现放射性现象的贡献, 人们后来将 "贝克勒尔 (Becquerel, Bq)" 作为放射性活度的国际单位。为了帮助读者定量理解这个国际单位, 我们可以来看这样一个例子: 2011 年的日本福岛核电站事故后, 日本一直声称相关地区的旅游及农产品是绝对安全的, 但根据国际原子能机构披露, 仅福岛第一核电站北侧的排水口每天就向环境中排放约 600 亿贝克勒尔的放射性物质。作为对照的另一个事实则是: 2004 年蹊跷去世的巴勒斯坦前领导人阿拉法特的内衣中被瑞士一家机构检测出了 0.18 贝克勒尔的放射性钋-210, 而这比人类的最低放射性致死量已经高出了 20 多倍。1903 年, 贝克勒尔和居里夫妇因为 "放射性" 现象的发现而共享了诺贝尔物理学奖。后来, 居里夫妇还从沥青中发现了另一种放射性比铀更强的放射性元素——"镭"。同一年, 他们又发现了一种新的放射性元素, 并再次获得诺贝尔奖。为了纪念已被俄国吞并的祖国波兰, 居里夫人把这种新元素命名为 "钋"。

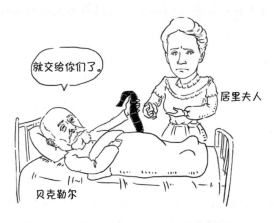

图 9.5　贝克勒尔对居里夫人的临终嘱托

"元素周期表""电离学说""原子光谱"以及"放射性"的发现就是近代原子学发展初期中的四个重要进展。正是这些重要的进展,使人们真正意识到原子的复杂性,并激发人们开始尝试建立原子模型,而这项工作也成了近代物理学的重要主题。

# 9.2   原子模型

## 9.2.1   原子模型的发展

近代以来微观世界的四个重大科学进展,激发人们开始尝试建立原子模型。然而,人们万万没有想到:这小小的原子结构,竟然是如此的神秘、复杂和难以理解。

1904年,电子的发现者汤姆孙提出了人类历史上第一个原子模型——"西瓜模型(又叫枣糕模型)"。汤姆孙认为:"原子好像一个带正电的实心西瓜,而带负电的电子则像瓜子一样镶嵌在原子中。"同一年,日本学者长冈半太郎则提出了"土星模型",他也认为原子是一个带正电的实心球。但与汤姆孙的区别在于,如图9.6所示,长冈认为电子不是镶嵌在实心球中,而是像土星光环一样绕着实心球旋转。西瓜模型可以解释元素周期律,但不能解释光谱线(正电荷和电子越多,"西瓜"越大,但电子只有一条固定的轨道和跃迁途径);而土星模型则刚好相反,难以解释元素周期表,但可以解释光谱线(无论正电荷与电子的多少,"土星"大小不变,但绕行的电子能发生多种途径的跃迁)。这本来是势均力敌的两种理论,但由于当时的日本并不处于世界学术中心,所以大家都只注意到了在物理学界享有崇高声望的汤姆孙的"西瓜模型"。然而,一个理论的正确与否与该理论提出者的学术权威并无必然联系,科学面前,人人平等。"西瓜模型"提出以后,立即遭到了实验事实的无情打击。比如:氢原子,这是自然界中最简单的原子,仅含有一个电子。按照"西瓜模型",可求得氢原子仅能发出一种波长的光谱线,但巴尔末早在1885年就已经发现:氢原子至少能发出14种不同波长的光谱线。这说明汤姆孙的"西瓜模型"与实验事实严重不符。毫无疑问,"西瓜模型"后来被人们所抛弃,但"西瓜模型"的提出仍然对后来原子模型的完善起到了重要的启发作用。

**图9.6　汤姆孙和长冈的原子模型之争**

1911年,在剑桥大学的卡文迪许实验室,汤姆孙的新西兰籍学生卢瑟福做了一个著名的"α粒子散射实验":他用镭作为放射源,让镭辐射出的α粒子直接轰击薄金箔。实验结果表明:入射α粒子束中的多数粒子仍保留其原方向;但也有不少粒子偏转角很大,约有1/8000的α粒子的偏转角超过90°甚至被完全反弹回来,也就是α粒子的散射现象。这是一个令人震惊的现象,首先,如果原子是实心的"西瓜",那么大多数入射粒子都应该像撞到墙一样被反射而不是穿过,所以多数α粒子穿过的现象说明"西瓜"是空的;其次,只有少数α粒子被反弹的事实说明:这些α粒子必然是撞到了一个"坚硬的物体(原子核)",而根据这些反弹α粒子的占比(1/8000),这个"坚硬的物体(原子核)"显然只占原子体积的很小部分。在这些强而有力的实验事实面前,卢瑟福通过严谨的理论推导,最终提出了一个新的原子结构模型:原子并不是一个正电荷均匀分布的实心球,原子的大部分区域是真空,正电荷集中在原子的中心,形成一个体积很小的核,并且这个核几乎集中了原子的全部质量;比核轻得多的电子则在很大的空间绕核转动,就像行星绕太阳公转那样;同时,核中的正电荷总数等于核外全部电子的负电荷数,这个模型通常被人们称为"行星模型"。其实在很多方面,卢瑟福的"行星模型"与长冈的"土星模型"都具有相似性,只是当时的日本在世界上的学术地位就好比20世纪的中国,不被人重视罢了。总体上看,"行星模型"成功地解释了α粒子的散射现象,给出了较为准确的原子内部结构图,而α粒子散射实验也成为现代原子物理学中一个经典的奠基性实验。

然而,卢瑟福的"行星模型"也存在困难。首先,行星模型并不稳定,因为根据电磁理论,绕核转动的电子会不断辐射能量,从而逐渐减小轨道半径,并最终落到原子核上,但这种不稳定的情况实际上并未出现。其次,行星模型也不能完美地解释元素周期表和原子光谱。面对这两个困难,卢瑟福的学生波尔首次将普朗克的"量子假说"应用到原子模型中,并于1913年迈出了决定性的一步,他认为:原子核外存在"量子轨道",电子要么只能在固定轨道上运动,能量守恒;要么在轨道间跳跃,从而吸收或放出能量。波尔的"量子轨道"模型不仅克服了卢瑟福行星模型不能稳定存在的困难,还成功地解释了元素周期律和氢原子光谱,因此在当时算得上是一个巨大的进步,波尔也因为在"量子轨道"方面的理论贡献而获得了1922年的诺贝尔物理学奖。

图9.7  乌伦贝克和高斯密特提出了"电子自旋"的观点

不过,波尔的"量子轨道"模型也难以回答一个问题:为什么核外电子不都聚集在能量最低的基态轨道,而是分布在从低到高的不同轨道上呢?为了解决这个问题,美籍奥地利物理学家泡利在1924年提出了著名的"泡利不相容原理"。这条原理如果用简单、通俗的话讲,就是:"最多只能有两个电子处于同一个量子轨道,所以电子会每两个占一层,由内向外逐层分布。"这就好比一个家庭只能容纳一男一女两个人，如果有第三者，家庭（原子能级）就会变得不稳定。但问题是：电子不分男女，而这两个电子又必须有区别才能处于同一轨道，那么这对电子的区别究竟是什么呢？为此，荷兰的青年学生乌伦贝克和高斯密特提出了"电子自旋"的观点，如图9.7所示，用经典物理的语言描述就是：一个电子顺时针旋转，另一个逆时针旋转，从而具有不同的角动量，因此这两个电子是不同的。

**图9.8 "电子自旋"的理论困难**

果然，问题很快又来了：如图9.8所示，电子的运动速度本来就是光速，如果电子再发生自旋，那么电子边缘的线速度一定会超过光速，这一结果显然违背了狭义相对论的"光速不变原理"。同时，学术权威泡利教授也不希望在量子力学中还保留"自旋"这样一种过时的经典物理概念。因此，在很长的一段时间里，电子自旋的概念并不被人们所认可。直到海森伯和爱因斯坦先后指出：电子自旋并不能理解为经典物理意义上的"自转"，它只是一种特殊的"量子状态"。比如，现在中国正在大力发展的"量子通信"技术所依据的理论就是"纠缠量子态"：通常，具有纠缠量子态的两个粒子无论相距多远，只要一个发生变化，另外一个也会瞬间发生变化，所以通过双方（发送方和接收方）同时联合测量粒子的量子态变化就可以传递信息。如果有窃密者想盗取信息，那么任何单方操作都会导致粒子量子态的变化，所以窃密者只能得到随机改变后的量子态而不能获得原始信息，也正因为如此，"量子通信"具有绝对的保密安全性。与纠缠量子态相类似,量子自旋也只是一种量子态而已。现在,"量子自旋"的观点已经被人们所广泛理解和接受,而原子模型也几近完善,但此时还差一块小拼图,那就是神秘的原子核的构成。

### 9.2.2　中子的发现

19世纪中后期,在科学家们的努力下,除了原子核仍然未知,原子模型已经几近完善。所以,了解原子核的构成,就成为当时物理学研究的重要主题之一。

1919年,卢瑟福领导的团队在发现原子核后,又发现了原子核中的质子,并随后确定了质子的质量。可是,人们很快发现,原子核中的质子总质量始终小于原子核质量,尤其巧合的是,质子的总质量刚好是原子核质量的一半,这个结果说明:原子核中一定还存在其他的未知粒子,但这种神秘的核内粒子究竟是什么呢?

**图9.9　波特和小居里夫妇先后发现"神秘粒子"**

1896年,重大发现的机遇来临了,如图9.9所示,德国物理学家波特(普朗克的学生)用α粒子轰击金属铍,得到了一种穿透力很强且不带电的射线,他误以为这是γ射线。为了研究这种射线的粒子轰击效果,小居里夫妇(约里奥·居里和伊琳·居里)则用这种射线从石蜡中打出了质子,但他们也认为这种特别硬(波长特别短)的粒子是γ射线。这真是相当的遗憾,因为根据动量守恒定理,γ射线的动量根本不足以打出质子,但是小居里夫妇却忽视了这个事实。不过,在小居里夫妇通过论文公布了相关实验结果后,剑桥大学卡文迪许实验室的年轻人查德威克却惊喜万分。英国人查德威克是物理大咖卢瑟福的学生,他不仅具有较高的理论水平而且物理思想特别活跃。在比较早的时候,查德威克就根据元素相对原子质量和原子序数的差值猜测:原子核中应该含有一种质量与质子相近但不带电的粒子,不过他却从来没有找到过这种粒子。正因为有充分的思想准备,查德威克一看到小居里夫妇的论文就敏锐地想道:"这就是那种质量与质子相同,但却不带电的粒子,他们看见了中子还不知道!"于是,查德威克马上设计了一个类似的实验,果然发现了同样的射线,他立刻写了一篇短文投给《自然》杂志,题目是"中子可能存在";接着他又在《英国皇家学会会报》上发表了一篇长文《中子的存在》,详细报告了自己的工作和发现。1935年,查德威克因为中子的发现而获得了诺贝尔物理学奖。如图9.10所示,"机遇只钟爱有准备的头脑",小居里夫妇和波特由于对发现中子没有充分的思想准备而让这一重大成果从自己手中滑过,这让他们十分懊恼。不过,他们并没有灰心,而是继续努力。就在当年的下半年,由于在人工放射性方面的重大发现,小居里夫妇终于获得了1935年的诺贝尔化学奖,这是居里家族第三次获得这一科学界的最高荣誉。而波特则于1954年因在宇宙射线方面的成就而获得诺贝尔物理学奖,这真是一个圆满的大结局!

图9.10 查德威克的"小幸运"与小居里夫妇、波特的"大遗憾"

中子的发现使人们首次认识到:原子是由质子、中子和电子构成的,其中质子和中子共同构成了原子核,而质子和中子的数目体现了原子的差异,电子则在不同的量子轨道上绕原子核旋转。中子的发现使原子模型的探索完成了最后一块拼图,人们对原子结构的理解也由此逐渐趋于完美。

### 9.2.3　粒子与基本相互作用

随着人类对原子模型认识的完善,人们逐渐意识到原子是构成物质的最基本微粒,而质子、中子和电子则是物质的最小微粒。然而,随着20世纪更多微观粒子的陆续发现,人们才发现原来最小微粒还另有其人。

1931年,英国理论物理学家狄拉克首次从理论上预言存在着"反电子",即带正电的电子,又叫作"正电子"。1932年,美国物理学家安德逊通过观测云雾室照片从实验上发现了正电子,不仅验证了狄拉克的预言,还因此而获得了1936年的诺贝尔物理学奖。正电子的发现具有十分重要的意义,它是人类认识"反粒子"的开端,正负电子相撞会湮没生成两个光子。粒子和反粒子的质量、寿命、自旋等性质都相同,只是电荷、重子数、轻子数等相加性的量子数符号刚好相反。1931年,物理大牛泡利教授又在理论上预言了"中微子"的存在,它不带电荷,质量仅为电子的百万分之一。1941年,中国的王淦昌先生在浙江大学抗战西迁的艰难历程中,提出了验证中微子存在的实验方案,并被1952年证实中微子存在的实验所采用。1959年,王淦昌先生领导的一个科研小组在苏联杜布拉联合核子研究所首次发现了"反西格玛负超子",从而使人们确信,不仅质量较轻的粒子有反粒子,其实所有的粒子都存在反粒子。目前,人类所发现的粒子和反粒子总数已经达到数百种,而人类所发现的最后一种基本粒子是"希格斯波色子"。1964年,比利时理论物理学家恩格勒和英国理论物理学家希格斯各自提出了"希格斯波色子"理论。希格斯波色子是当时最后一种未被发现的基本粒子,也是解释粒子如何获得质量之谜的最重要粒子,有助于破解宇宙和物质的起源问题,因此希格斯波色子也被人们称为"上帝粒子"。长期以来,物理学家一直试图证明希格斯波色子的存在都没有成功。直到2012年7月4日,欧洲核子研究中心公布其下属两个实验室的研究成果,初步证实发现了一种十分接近希格斯波色子的新粒子。希格斯波色子的作用在于吸引其他粒子进而让粒子产生质量,而因为发现"粒子如何获得质量"的理论,希格斯和恩格勒在2013年共同获得了诺贝尔物理学奖。

除了众多粒子和反粒子的发现,美国物理学家盖尔曼利用数学中的群论方法,在1961年首次提出了一个新的"夸克模型",认为质子和中子是由三个更基本的夸克u、d、s所构成的,显然夸克才是真正的最小微粒。后来,随着核物理学的发展,人们陆续发现了6种夸克(也就是所谓的"六味夸克"),而每味夸克还有红、蓝、绿三种颜色(表示不同的自由度),因而总共有18种夸克;再加上每种夸克所对应的反夸克,总共可以有36种夸克。而构成物质的最小粒子除了夸克以外,还有6种轻子(电子也是一种轻子)以及它们的反粒子,总共有12种轻子。现在我们已经知道:物质由夸克和轻子组成,但是夸克还能再分吗? 至少到目前为止,人类还不能成功分割夸克,甚至还没有得到单独的夸克,只能得到由夸克和反夸克所构成的介子,即夸克是禁闭的。所以,从人类目前的技术层次看,夸克和轻子已经可以算作是已知的最小微粒,而物质在夸克的尺度下也基本可以认为是不再可分的了。

在这里,我们已经知道物质是由夸克和轻子所构成的,那么它们是如何相互作用而形成物质的呢? 在回答这个问题前,我们先来看这样一个事实:原子核是由质子和中子构成的,由于电荷的"同性相斥"作用,而且原子核中带正电的质子之间的距离很小,因此质子间有很强的库仑排斥力,那么是什么力量在维持原子核的稳定性呢? 显然,除了相互排斥的库仑力,质子之间必定还存在着某种相互吸引的强大核力,其强度还必须大于库仑力,但作用范围又必须小于一定范围,否则不同原子之间的质子也将相互吸引,从而导致原子结构的不稳定,这个特殊的"核力"就是"强相互作用"。除此之外,自然界还存在会引起原子核衰变,有轻子参与的另一种相互作用——"弱相互作用",它实际上是一种破坏力。比如:中子在弱相互作用下衰变为质子、电子等,就像"岩石的风化",是一种缓慢的、微弱的作用。正是以上的"强相互作用"和"弱相互作用"与我们所熟知的"引力"和"电磁力",共同被称为物理世界的"四种基本相互作用"。

有趣的是,这四种基本相互作用都是通过媒介粒子来传递的,做一个不恰当的比喻:两个站在非常光滑地面上的人,他们可以通过相互扔球(媒介粒子)而产生相互间的排斥作用,但在接触到球之前,这种排斥作用则不会体现出来。根据爱因斯坦的相对论,光速为粒子运动的极限,因此通过交换媒介粒子而传递的四种基本相互作用都不是"即时"的。例如:地球是在太阳的引力作用下做绕日公转的,假设太阳突然完全消失,那么根据日地距离和光速,我们可以计算出:大约8分钟后,地球受到的太阳引力才会消失。从这个时候开始,地球才不再做椭圆形的公转运动,而是直线前进并最终迷失于茫茫宇宙。

# 9.3　核裂变与核聚变

## 9.3.1　核裂变与原子弹

错过中子发现机会的小居里夫妇并没有气馁,他们很快又有了重大的发现。1938年,在一次偶然的物理实验中(如图9.11所示),小居里夫妇用中子轰击原子序数为92的铀,发现产物十分复杂,尤其是含有大量原子序数仅为57的镧,这真是太令人惊奇了。因为在这之前,虽然人们也曾观测到由于元素放射性而引起的原子序数变化,但大多数实验元素的原子序数都只能改变1~2;也就是说:新生成的元素与旧元素相比,在元素周期表中的位置只改变了一格或者两格,且原理简单。但这次太令人费解了,新元素镧与旧元素铀相比,原子序数居然改变了35,在元素周期表中的位置移动极大,这显然与元素的放射性无关,那么产生这个现象的原因究竟是什么呢? 是不是实验结果有错呢?

图9.11　小居里夫妇用中子轰击铀,得到了产物镧

对于这个发现,小居里夫妇当时并没有找到答案,于是他们只是通过论文报道了自己的实验结果。和"中子的发现"类似,这篇论文引起了德国科学家哈恩和斯特拉斯曼的关注,他们重复了小居里夫妇的实验,确认了中子轰击铀后的产物是钡(Ba)、氪(Kr)、中子和一些 γ 射线。虽然获得了产物的更详细组分,但他们仍然不能解释这一现象,于是哈恩把自己的实验结果告诉了以前的同事、被希特勒赶出国门的犹太女物理学家梅特纳。梅特纳以女性特有的细心,敏锐地发现:钡(57)和氪(36)的原子序数加起来刚好接近铀(92)。由此,梅特纳推测这个现象可能源自原子核的分裂现象——也就是"核裂变"。但是,为什么铀核会在中子轰击下裂变呢?经过反复的思考,梅特纳把原子核近似看成一个液滴,当一个外来的中子进入原子核后,球状的"液滴"因为膨胀而变得不稳定,并随后断裂成大小相近且更加稳定的两个新"液滴",完成原子核的裂变,这就是著名的"液滴裂变"理论。虽然梅特纳为"核裂变"的发现做出了最重要的贡献,但她却由于犹太人血统而被德国法西斯政府排斥,也未能获得诺贝尔奖,反而是哈恩在1944年独自获得了诺贝尔化学奖。不过科学家给予了梅特纳很多荣誉,尤其是在1982年,序号为109号的元素就被命名为 Meitnerium(暂无官方中文名),以纪念梅特纳的科学贡献。值得注意的是:如图9.12所示,裂变后产物原子的质量总是小于反应原子,也就是发生了质量亏损;而根据爱因斯坦的质能方程 $E = mc^2$ 可知,核裂变过程一定会伴随能量的释放。但是,一颗铀核裂变所放出的能量微乎其微,只有大量的铀核同时裂变,才有可能释放出足够的能量,形成能被人类利用的能源。

图9.12　核裂变释放的能量源自质能方程中的质量亏损

　　人生就像一部悲喜交错的戏剧,小居里夫妇错失了"中子的发现",抓住了"人工放射性",现在又错过了"核裂变的发现",不过机会很快又来了。1939年,约里奥·居里在实验中发现:铀核在吸收一个中子发生裂变的同时,还会同时释放能量并产生2~3个新的中子,这些新产生的中子进入其他铀核,会引起新的裂变并释放更多的能量和中子。当超过某一临界点时,核裂变的"雪崩"效应形成了,也就是核裂变的"链式反应",其所能释放出的巨大核能源由此展现在约里奥·居里的面前。发现当晚,约里奥·居里和助手来到一家咖啡厅,他们心情非常激动,但又十分犹豫是否要把这一重大发现公之于众,因为他们已经预见到这个发现可能用于制造一种"恐怖的武器"。但在最后,考虑到核能同样能够解决世界性的能源危机,约里奥·居里还是决定公布这一重大发现。

　　显然,"链式反应"从理论上预言了恐怖的核武器! 然而在当时,法西斯的气焰越来越嚣张,当德军向波兰和法国发起闪电战的时候,约里奥·居里带头向法国军备部建议制造原子弹。可是,狡猾的纳粹德军绕过了马其诺防线,法国没有能够坚持到原子弹研制成功就投降了。约里奥·居里只好赶紧转移到英国,但由于相关研究条件和资料的缺失,约里奥·居里只能在实验室为游击队制造炸药。相反,德国有关"原子弹研制"的工作则在海森堡和哈恩的领导下开展得如火如荼。不过,由于希特勒的反犹太人政策,德国许多优秀的物理学家被迫流亡海外,而大多数人最终都逃亡到了美国,这其中就包括著名的波尔、费米以及伟大的爱因斯坦。为了抢在法西斯德国之前研制出这种威力巨大的武器,在爱因斯坦等人的积极推动下,美国成立了以著名物理学家"黑洞之父"奥本海默为首的核武器项目,代号为"曼哈顿工程"。美国科学家团队以"链式反应"为理论基础,于1945年7月16日在内华达沙漠试爆了人类历史上第一颗原子弹。随后的8月,美军将另外两颗原子弹分别扔到了日本的广岛和长崎,猛烈的核子爆炸和热辐射毁灭了城市的一切,这种末日天灾般的景象震撼了每个日本人的内心,并给幸存者带来了无尽的心理恐惧。由于原子弹的爆炸加速了日本法西斯的投降和二战的结束,并阻止了更大战争痛苦的延续,因而在当时具有积极的历史意义。

　　1945—1953年前后,美国和苏联都先后成功试爆了原子弹,英国则是美国核机密的分享者。美英苏三国企图进行核垄断,并不断对无核国家特别是中国进行核讹诈。中国和法国都不愿屈从他们的威胁,不顾压力各自开始实施自己的核计划。1960 年 2 月 13 日,法国在约里奥·居里的领导下拥有了第一颗原子弹。中国的核武器研制经历则要曲折很多,在中苏关系破裂之前,苏联曾对中国的核武计划做过有限但很重要的帮助。1960 年 8 月,中苏关系由于"否定斯大林""长波电台""联合舰队"等一系列政治事件而交恶,苏联撤走了所有专家,收回了资料和图纸,中国只好依靠自己的力量,任用从西方国家回来的学者和国内专家,继续实施核武计划,以期打破核垄断。中国核武计划的国内专家主要包括邓稼先、彭恒武、周光召、黄祖洽,其中邓稼先是总负责人,所以他也被称为中国的"奥本海默"。此外,包括火箭专家钱学森在内的众多海外学者也放弃国外优越的生活和研究条件,积极回国参加中国核武研制,正所谓"科学无国界,但科学家有国界"。除了归国专家,一些外国友人比如法国小居里夫妇也给予了中国很多热情而又关键的帮助,他们鼓励自己的研究生如核物理专家钱三强、"中国居里夫人"何泽慧以及放射化学专家杨承宗等人回国参加中国核武研制,并积极帮助中国购买西方严密封锁的核物理研究设备和放射源。约里奥·居里还专门托杨承宗给毛主席带口信以表达对中国核武计划的大力支持和热情鼓励。为了保护约里奥·居里的安全,中国直到 1988 年才公开了他的口信。1964 年 10 月 16 日,在以邓稼先为代表的众多中国科学家的共同努力下,以及全国人民的倾力支持下,人迹罕至的罗布泊终于升起了巨大的蘑菇状烟云,中国的第一颗原子弹终于爆炸成功了!

### 9.3.2　核聚变与氢弹

核裂变和链式反应直接启发了人类对原子弹的研究,而就在原子弹即将研制成功的时候,另一种威力更大的核武器——氢弹的研制也提上了议事日程。原子弹的原理是"核裂变",由重核裂变为轻核,并因为质量亏损而释放出巨大的能量;氢弹则刚好相反,由轻核聚变为重核,这个过程被称为"核聚变"。太阳表面就在时时刻刻地发生着核聚变反应,所以核聚变实验装置也常常被人称为"小太阳"。核聚变的程序过程于 1932 年由澳大利亚科学家马克·欧力峰所发现,一个典型的核聚变反应过程是:在高温高压的环境里,具有一颗中子和一颗质子的氘核($^2$H),与具有两颗中子和一颗质子的氚核($^3$H),聚变为氦核($^4$He),并释放一颗中子($^1$n)和能量,其典型的核聚变反应方程式为：

$$^2H + ^3H \rightarrow {}^4He + {}^1n \tag{9.1}$$

通常，质子和中子之间存在着相互吸引的强大核力——强相互作用（大小远超库仑排斥力），当质子和中子距离较远时具有较大的强相互作用势能，而当质子和中子聚集到一起形成新核时该势能将会转化为内能和机械能等形式的能量。然而人们发现核聚变所释放的能量又远大于强相互作用所具有的势能，那么这多余的能量是从哪儿来呢？根据爱因斯坦的质能方程，这巨大的能量就来自质量湮灭所转换来的能量（类似于核裂变的"质量亏损"）。由于核聚变过程中的质量亏损要远大于核裂变过程，所以核聚变会释放出更为巨大的能量，核聚变也因此更具有武器开发与和平应用前景。

然而，要实现核聚变是极其困难的，因为原子核带正电，要让两个都带正电的原子核靠近并融合在一起成为一个更大的新核，首先必须克服原子核间的库仑排斥力，比如使原子核具有很大的动能，而这就需要满足高温高压的条件，理论温度要达到1000万摄氏度以上。在如此高的温度下，原子已完全电离，即原子核与核外电子相分离，成为所谓的等离子体。也正因为需要很高的温度，所以核聚变反应也通常被称为"热核反应"。太阳之所以能维持"热核反应"，就是因为太阳核心部分温度高达1000万摄氏度以上，而且处于高压状态。可是，在地球上我们很难获得如此的高温和高压，那么人类究竟该怎样来引发核聚变反应呢？由于核聚变研究刚好处于二战时期，所以当时的科学家们自然而然地想到用原子弹来创造核聚变所需的高温高压环境，以引发核聚变引爆氢弹。换句话说：威力巨大的原子弹仅仅只是开启核聚变反应的"药引"，由此我们可以预见氢弹才是真正恐怖的"潘多拉盒子"。

世界上第一颗氢弹的设计师是美国物理学家泰勒，泰勒出生在匈牙利，后于1935年移居美国，并加入奥本海默领导的"曼哈顿工程"，成为美国核武研究的重要研究人员。1949年，苏联成功研制原子弹之后，泰勒力促杜鲁门总统加快氢弹研究，并亲自负责氢弹的研制工作。1952年10月31日，美国进行了世界上首次氢弹原理试验，不过当时的"氢弹"重达65吨，没有实战价值。直到1954年，人们用固态的氘化锂替代液态的氘、氚作为核聚变燃料，大大缩小了氢弹的体积和质量，氢弹才真正可用于实战中。1961年，苏联曾经引爆过一个叫作"大伊万（又叫沙皇炸弹）"的超级氢弹，其当量为5800万吨级,爆炸后的蘑菇云高达几千米,留下了100多米直径的大坑,400千米外的房子都被冲击波打得粉碎,冲击波绕地球转了3圈,连地球另一面的美国都受到了这枚超级氢弹的影响。

　　从20世纪50年代到70年代,美国、苏联、英国、法国和中国都相继成功研制出实战化氢弹。1967年6月17日,就在新中国经济最困难的时期,中国第一颗氢弹的蘑菇云在西部荒漠中升起,无数国人为之动容。有趣的是:虽然氢弹威力巨大,但其维护成本极高,特别是由于核聚变燃料的寿命很短,导致氢弹的储存寿命太短,所以目前的核大国包括美国和俄罗斯基本都销毁了自己的氢弹。不过,中国的氢弹却由于本土科学家于敏的特殊设计而具有很长的寿命,且维护成本极低,所以目前中国拥有世界上唯一的30枚实战型氢弹,这也是目前中国虽然原子弹数量不多,但仍然具有极大核反击能力的家底。于敏先生在1926年生于河北省宁河县,是中国研制核武的科学家团队中唯一没有海外留学经历的本土科学家。由于保密需要,于敏先生的英雄事迹一直不为人知。2015年,中国政府授予了于敏先生一个迟到的国家最高科技奖,在颁奖典礼上于敏泪流满面的一幕感动了很多人。有幸的是,于敏先生至今(2017年)仍然健在,低调、富学的于老爷子堪称中华民族的脊梁。

　　值得一提的是,美国"氢弹之父"泰勒同时也是著名华人物理学家杨振宁先生的博士导师,杨振宁先生因与李政道合作提出弱相互作用中的"宇称不守恒定律"而获得1957年的诺贝尔物理学奖。1958年,杨振宁在台湾接受了中华民国"中央研究院院士"称号,并于1964年加入了美国国籍。20世纪70年代,杨振宁曾专程到兰州大学与著名理论物理学家段一士教授(仙逝于2016年)热情交流,并赞其"研究极妙"。2003年,82岁的杨振宁终于回到中国大陆叶落归根,婚后在北京安享幸福的晚年。2017年年初,95岁的杨振宁又放弃美国国籍,转为中国科学院院士,至今仍然活跃在国际物理学术圈。对于杨振宁先生的一生,目前舆论存在一些争论,而对于科学家的个人评价,未来的历史自有公论。不过,单从科学贡献的角度看,杨振宁先生无疑是一位伟大的物理学家。

### 9.3.3　核能的和平利用

　　自人类世界进入20世纪以后,随着科技发展的爆发,能源消耗量也日益增加,特别是20世纪70年代爆发的"石油危机",更是凸显出人类对能源需求的紧迫局面。中国也在20世纪末从原油出口国变为了原油进口国,而且是目前唯一一个以原煤作为主要能源的国家。将煤、石油等化石资源当作燃料烧掉,这本身就是巨大的资源浪费,正如著名化学家拉瓦锡说的那样:"要知道,钞票也是可以用来烧掉取暖的。"更何况化石资源消耗所带来的温室效应、厄尔尼诺效应等,都极大地威胁着人类在地球上的生存环境。因此,调整能源结构、寻找和开发新能源就成为人类目前最迫切的任务。

由狭义相对论的质能方程可知:物质蕴含着巨大的静止能,通过核裂变和核聚变可以把其中一小部分(约1%)转化为能源,这部分能量已经十分巨大,约为质量相当的化石资源所释放化学能的一百万倍。更何况,如果利用正反物质湮灭还可使几乎100%的静止能转化为人类可用的能源,因此和平利用核能就成为解决人类能源危机的一个重要方法。

核裂变和核聚变虽然启发人类制造了原子弹和氢弹。但实际上,人类对核能和平利用的步伐从来就没有停止过,核能的和平利用研究几乎与核武器的研究同步开始。1942年12月2日,在著名物理学家费米的领导下,美国首先建造了世界上第一座可控核裂变的原子反应堆。费米设计的这座原子反应堆采用重水使中子减速,并将能吸收中子的镉作为控制棒。通过插入反应堆的深浅来控制链式反应的快慢,从而把核能安全地转化为电能。从1954年苏联建成运行世界上第一座核电站开始,全世界目前已有33个国家建设了近500座核电站,其发电量约占世界发电总量的17%。因此可以说,人类通过核裂变对核能的和平利用已经基本实现。中国自行设计建造的第一座核电站——秦山核电站也于1991年投入运行。目前中国已经是世界核电设备制造强国,并于2016年成功实现了对老牌核电强国英国的技术输出,而且中科院还在同一年推出了只有集装箱大小并号称最安全的商用迷你"核电宝",可以很好地满足海岛海洋平台、偏远地区分布式供电需求。目前,人类对核能的和平应用技术已经非常成熟,但过去也曾发生过一些较为严重的核事故,比如1979年美国三里岛压水堆核电站事故、1986年苏联切尔诺贝利石墨沸水堆核电站事故以及2011年日本福岛核电站事故。这些核事故的灾难性后果带给人们较大的负面印象,比如目前台湾地区即便较为缺电,民众仍然强烈反对核电站的建设,并提出了"用爱发电"的口号。不过另一方面,这些核事故的发生也促使科学家们更好地改进核能应用和安全技术，以使得核电站更加安全。

目前世界上所有的核电站都是以"可控核裂变"为基本原理的，由于核裂变燃料铀在地球上的储量十分有限，迟早要面临铀矿枯竭的危机，更何况核裂变废料还有放射性。因此，人类十分有必要开发更理想、洁净和资源丰富的新能源——核聚变能。与核裂变能相比，核聚变的产物是稳定的氦，其不具有长期放射性；而且核聚变的主要燃料是氘和氚，其在海水中就有丰富的分布，尤其是由氘构成的重水就占到海水总质量的六千分之一。根据计算，1克氘经核聚变可以放出大约 $1×10^6$ 千瓦时的能量；而 1 升海水中的氘聚变所放出的能量相当于燃烧 300 升汽油所放出的能量。按照目前世界能源的消耗水平估算，地球上所有海水中的氘燃料可供人类使用数百亿年，而地球的寿命只剩下约 50 亿年。遗憾的是，要实现核聚变是十分困难的，目前人类只是制造了"不可控核聚变"的氢弹，而"可控核聚变"技术至今还没有真正实现。近年来，包括中国在内的一些国家正在积极开展相关研究，目前技术上最大的困难在于没有能够承受核聚变超高反应温度的容器；而如果不使用容器，聚变物质会迅速散开，使得反应无法进行。目前看起来较有希望的是"托卡马克"装置，这个装置是一种利用磁约束原理来实现可控核聚变的环形容器，其是由苏联科学家阿齐莫维齐等人在 20 世纪 50 年代发明的。"托卡马克"装置的原理是利用强大电流所产生的强大磁场，把激光照射氘、氚所形成的等离子体约束在很小范围内，其不仅可以约束反应物位置，还能促使等离子体升到更高的温度。"托卡马克"装置是世界上公认解决可控核聚变难题的最有效途径，目前全世界仅有俄罗斯、日本、法国和中国拥有"托卡马克"装置。虽然充满了美好的应用前景，但目前的"托卡马克"装置还存在一个致命缺点：磁场容器就像多孔的筛子，反应物质很容易泄漏出去，同时用氘、氚作为热核反应燃料很容易产生大量对设备造成伤害的中子流。如果我们采用氦Ⅲ做原料，倒是可以避免中子的产生，但困难则是地球上的氦Ⅲ含量较低。不过，月球上的氦Ⅲ含量却十分丰富，有人做过估算，每年只需要从月球上运回一飞船含有氦Ⅲ的矿物就能满足地球一年的能源需求。因此，人类的探月飞行项目不仅具有重要的科学和国防意义，还具有巨大的潜在经济价值。

目前，中国在可控核聚变方面的研究处于国际领先地位。尤其是 2016 年

12月,中国科学家在合肥的先进超导"托卡马克"实验装置中(EAST),制造出比太阳中心温度还要高的氢等离子体,并且创纪录地稳定燃烧了1分多钟。虽然这个实验结果还达不到商业应用的时长要求,但这仍然增强了人类利用核聚变能的信心,并且显示中国核聚变研究的发展进度把其他国家远远甩在后面。目前,中国已经开始尝试建设世界上第一座核聚变电站——中国聚变工程实验堆(CFETR),并计划于2030年投入运转,在10年内把发电量提高到1000兆瓦,这将超过大亚湾现有所有核电站的发电总量。然而,核聚变虽然有诱人的前景,但考虑到其巨大的资金消耗和技术需要,世界上任何单一国家都难以胜任,所以开展商业核聚变的国际合作研究就成为主流。2005年6月28日,中国、日本、韩国、美国、俄罗斯和欧盟在莫斯科确定,在法国的卡达拉舍共同出资建造国际热核聚变实验反应堆(ITER),它是目前世界上最大的国际合作项目,总投资100亿欧元,其中欧盟预算50%,其他五国各承担10%,项目预计2016年投入运行,输出功率达50万千瓦;建成后,该核聚变反应堆将是世界上第一个具有商业核聚变发电应用前景的装置。

# 第10章　电磁学

## 10.1　电荷的基本性质

### 10.1.1　摩擦起电

电学是近代物理学中具有重要意义的基础分支,主要研究电现象及其基本原理和应用。自18世纪中叶以来,人类对电学的研究飞速发展,电学的每项重大发现都引发了人类生活方式的重大变革。现在,人人都离不开电,电已成为人类生活最重要的基础条件。

"电"这个词在中国最早出自雷电现象;而在西方,英文的"电"(electricity)则起源于希腊文的"琥珀"(electron)。这是因为早在公元前585年,如图10.1所示,古希腊哲学家塞利斯就曾记录"摩擦过的琥珀能吸引碎草等轻小物体",后来人们又发现不仅琥珀,很多物体经过摩擦后都能吸引轻小物体,但当时的人们并不知道这个现象与电有关。还有记载说:16世纪,一些欧洲的贵族妇女在聚会无聊时会用摩擦过的琥珀首饰去戳青蛙,青蛙便痛苦地跳起来,人们觉得很有趣,但也不知道琥珀和青蛙身上到底发生了什么。直到近代,人们才逐渐意识到:摩擦后的物体会带有电荷,而带电体会引发一些奇特的电现象。其中,"能吸引轻小物体"则是带电体的一个最基本的性质,这也算是人类对电现象的最早认知了。我们知道:物体带电是电现象产生的根本原因,而摩擦则是使物体带电的一种最简单途径,但是摩擦为什么会使物体带电呢？是因为产生了新电荷吗?

**图10.1　塞利斯发现"摩擦过的琥珀能吸引碎草等轻小物体"**

　　众所周知,原子是由带正电的原子核和带负电的核外电子所构成,电子绕着原子核在一定范围内自由旋转。在孤立的情况下,原子核带的正电荷数与核外电子带的负电荷数相等,所以原子不显电性,而整个物体也因此是电中性的。通常,原子核里的正电荷数很难改变,因为原子核的改变意味着元素种类的改变;但核外电子却能轻易摆脱原来原子核的束缚,转移到另一个原子的范围内,从而使原子显示出电性。当两个物体的表面相互接触时,物体表面的原子间将建立起一种小范围的电荷平衡,电子可以在两个接触原子的表面自由移动。当接触表面发生剧烈的相对运动时(比如摩擦),这种暂时的电荷平衡则会被快速打破;而反复的摩擦则会导致电荷平衡的频繁建立和破裂,当物体突然脱离接触后,得到电子的物体来不及把电子释放出去而呈现负电性,失去电子的物体也来不及补充电子而呈现正电性,这就是物体"摩擦起电"的原理。所以,摩擦起电的本质并不是产生了新电荷,其只与电荷的转移有关。而且,在一个孤立系统中,无论系统中的电荷如何迁移,系统中的正负电荷的代数和将保持不变,这就是自然界中的又一条基本定律——"电荷守恒定律"。不过有趣的是,一些现代物理实验表明:在粒子的相互作用过程中,电荷是可以产生和消失的(质能方程则揭示能量也是可以产生和消失的),然而电荷守恒定律并未因此而遭到破坏,比如:电子对的"产生"就是一个光子变成一个正电子和一个负电子:$\gamma \rightarrow e^+ + e^-$;而电子对的"湮灭"就是一个正电子和一个负电子相撞变成了两个光子:$e^+ + e^- \rightarrow 2\gamma$,也就是说:正负电子总是成对产生和消失的,虽然电荷总量可能有变化,但其正负电荷的代数和始终不会发生改变。

图10.2　盖里克制造了世界上第一台摩擦起电机

1660年,德国物理学家盖里克制造了世界上第一台摩擦起电机(如图10.2所示),由此,摩擦起电机成为人类研究电现象的重要基本工具。而在现在,利用一些简易的材料进行相互摩擦,我们也很容易观察到摩擦起电现象,比如:当我们用橡胶棒直接接触验电器的导体球时,里面的验电铂片并不会张开,说明此时橡胶棒不带电;但如果我们用一块毛皮对橡胶棒进行摩擦,然后再将橡胶棒接触验电器的导体球,就会看到验电铂片张开了,这说明摩擦的方式使电子在橡胶棒与毛皮间发生了转移,所以橡胶棒和毛皮上都带有了剩余电荷。一般来说:橡胶棒由于是绝缘体,其原子核吸引电子的能力更强,所以摩擦后会带负电,毛皮则因为容易失去电子而带正电;但如果我们用一块丝绸来摩擦一根玻璃棒,那么玻璃会因失去电子而带正电,反而是丝绸会带上负电;有时,我们会用丝绸布来擦拭眼镜的镜片,就是因为丝绸和玻璃的摩擦会产生静电荷,可以更有利于清除灰尘等轻小物体。

## 10.1.2　电荷间的相互作用

众所周知,带电物体之间存在着一种相互作用,而这种相互作用在本质上源自电荷间的相互作用力。这个相互作用力,在方向上满足"异性相吸、同性相斥"的基本原则,而在大小上则满足静电荷的"库仑定律"。所谓"异性相吸、同性相斥"是指：两个异性电荷,比如一正一负,那么它们之间将相互吸引；但如果两个电荷的电性相同,比如都是正电或都是负电,则它们之间将相互排斥。这个规律是由法国科学家杜菲在1733年总结发现的,在这里我们可以通过一个演示实验很好地验证这个规律(参见本书配套慕课视频)：如图10.3所示,我们将一根橡胶棒用毛皮摩擦后,放在一个可以自由转动的旋转架上；然后,我们将另一根橡胶棒也用毛皮进行摩擦,再去靠近旋转架上的橡胶棒,则可以看到两根橡胶棒间会产生排斥的作用。这说明：此时的两根橡胶棒带有相同电性的电荷,也就是"同性相斥"。相反,如果我们将一根用丝绸摩擦过的玻璃棒去靠近这根橡胶棒,则会看到玻璃棒和橡胶棒相互吸引。这说明：玻璃棒和橡胶棒带有不同电性的电荷,也就是"异性相吸"。其实,"异性相吸、同性相斥"的规律不仅存在于电荷或带电体间,也似乎左右着一些人类的哲学和伦理现象,比如：男人和女人之间会相互吸引而组成家庭,但《甄嬛传》中的妃子们会更多体现出"排斥作用"；在动物界也有类似的情况,比如两头雄狮也会为争夺配偶而激烈争斗。

图10.3 杜菲发现"同性相斥、异性相吸"的电荷相互作用规律

其次,电荷之间的相互作用力在大小上满足"库仑定律"。18世纪,在牛顿提出万有引力定律后,许多物理学家都发现电荷间的作用力与万有引力较为相似。1769年,英国科学家罗宾逊设计了一个特殊的杠杆装置,首先测得了电荷间作用力 $F$ 反比于两者距离 $R$ 的 $n$ 次方。1784年,如图10.4所示,法国

物理学家库仑则通过一个精巧的扭秤实验验证了电荷间的作用力 F 还与两个电荷的电量乘积 $q_1q_2$ 成正比,与此同时库仑还证实了罗宾逊公式中 n 的值大约是 2。由此,库仑写出了电荷间作用力的数学表达式(式10.1):

$$F_{12} = k\frac{q_1q_2}{r^2} \tag{10.1}$$

其中,k 是一个常数,r 是点电荷间的距离,$q_1$ 和 $q_2$ 是两个点电荷的电量。需要强调的是:电子是自然界中的最小电荷,物体所带电量总是电子电量的整数倍,因此电量是量子的;而电子的电量则是由美国物理学家密立根采用液滴法最早测定的。此外,电量还是一个相对论不变量,也就是说:电量的大小与带电体的运动速度无关。

**图10.4　库仑通过扭秤实验发现库仑定律**

库仑定律的数学表达式说明:"电荷间的相互作用力的大小与两个电荷的电量大小成正比,与两个电荷间的距离平方成反比。"1785年,库仑把这个数学表达式首次通过自己的论文《电力定律》对外予以公布。为了纪念库仑的重大贡献,人们把这个定律称为"库仑定律",同时把电荷间的作用力也称为"库仑力",而且还把电量(Q)的单位命名为库(C)。"库仑定律"是电学发展史上的第一个定量规律,是电磁学和电磁场理论的最基本定律之一,在电学发展历史中起到了极重要的奠基性作用。

不过,就在库仑定律提出后不久,人们很快就发现:实际精确测量的库仑力大小与库仑定律的计算结果有一些偏差,其问题就出在"距离的平方"上。原来,库仑力的大小并不是反比于距离的"平方",而是略大于"平方",也就是

存在"指数偏差($\delta$)",所以库仑定律的数学表达式也相应地需要修正为:

$$F_{12} = k\frac{q_1 q_2}{r^{2+\delta}}$$　　　　　　（10.2）

在这个式子中,$\delta$就是"平方"的指数偏差,其虽然很小但总不为零。为了测得准确的指数偏差$\delta$,著名的物理学家卡文迪许(同时也是万有引力常量$G$的测定者)于1773年用两个同心金属球壳设计了一个实验,并确定指数偏差$\delta$小于0.02。1873年,物理学家麦克斯韦又通过改进卡文迪许的实验,测算出$\delta$约为1/21600。这个实验做得十分精确,以至于直到1936年都没有人能超过麦克斯韦的测算结果。1971年,随着测量技术的进步,美国科学家威廉姆斯等人采用高频高压信号、锁定放大器和光学纤维传输等现代测试手段来保证精密的实验条件,将库仑定律的指数偏差精确度又提升了好几个数量级,目前$\delta$的值被确定为小于$(2.7\pm3.1)\times10^{-16}$。由于$\delta$太小了,所以在一般的计算应用中,人们还是习惯采用库仑定律的原始表达式,只有在涉及航空航天等精密领域,$\delta$才会产生显著的影响。

## 10.2　电场性质

### 10.2.1　静电感应和静电极化

带电物体之间存在相互作用,但这种相互作用在本质上是通过电场来实现的。带电物体的周围存在电场,电场是一种物质,其具有质量、能量、动量等性质;电场是矢量,既有大小,又有方向,其叠加满足平行四边形原则。为了定量描述电场的性质,人们从电荷在电场中受到作用力的角度引入了电场强度$E$的概念,简称"场强",其数学表达式为:

$$E = \frac{F}{q}$$　　　　　　（10.3）

这个表达式说明:"在一个固定的电场中,电荷所受到的库仑力与电量总是成正比的。"此外,为了能更形象地描绘电场在空间的分布情况,人们还画出一系列假想曲线,也就是电场线。电场线起自正电荷,止于负电荷,且不会相交;电场线的疏密程度表示场强的大小。

任何处于电场中的电荷都会受到库仑力的作用,而电荷载体导电能力的不同(导体或绝缘体)则会导致不同的电荷分布现象,也就是"静电感应"和"静电极化"现象。首先,当我们把一个导体放置于外加电场中时,导体上的自由电子会在库仑力的作用下发生定向移动,使导体的一侧因电子的聚集而呈现负电性,在导体的另一侧则因为缺少电子而呈现正电性,这个现象就叫作"静电感应",而产生的聚集电荷则叫作"感应电荷"。需要特别指出的是:在施加外电场前,导体中的电子虽然是可自由移动的,但导体中的正负电荷始终是均匀分布的,导体在整体上呈现电中性;而当发生电荷聚集后(即施加外电场后),虽然在不同的局部位置出现了感应电荷,但导体在整体上仍然保持中性。如图10.5所示,静电感应现象一般被认为是由英国物理学家格雷在1720年首先发现的,而英国科学家坎顿和瑞典科学家维尔克则分别在1753年和1762年对静电感应现象做出了重要的理论补充。

图10.5 格雷发现了静电感应现象

其次,绝缘体由于原子核具有很强的束缚力,所以电子只能在原子核附近的范围内运动,并构成包含一个正电荷和一个负电荷的"电偶极矩";由于分子的无规则热运动,绝缘体中的电偶极矩的排列是杂乱无章的,所以整体对外不显电性;而当有外电场时,每个电偶极矩都将受到一个外力矩的作用,使得所有的电偶极矩都将转向外电场的方向。虽然由于分子热运动,这些电偶极矩的排列并不是特别整齐,但对绝缘体而言,在垂直于电场方向的两个表面上,也将由于电偶极矩的定向排列而产生"极化电荷",而这个现象就叫作"静电极化"。显然,如果突然撤去外电场,绝缘体中电偶极矩的定向排列又将变回杂乱无章的状态。

从本质上看,无论是静电感应还是静电极化,都能使物体的两侧呈现等量异性的电荷,都是电荷在外电场作用下的结果。两者的区别只在于:如图10.6所示,静电感应现象中的电荷就像脱缰的野马,会有实际的定向移动,并最终聚集在导体的不同部位,形成感应电荷;而对于静电极化现象,绝缘体中的电荷则好比被拴在柱子上的马儿,马儿会尽量朝向草料槽的方向,但无论它如何努力,都不能挣脱缰绳的束缚。因此,静电极化现象中的电荷不会有定向移动,其微观分布的情况也不会有显著变化,但会形成极化电荷。

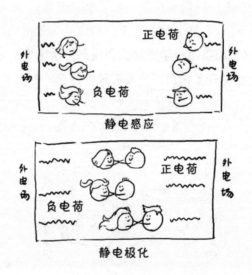

图10.6　静电感应和静电极化

### 10.2.2　静电现象

当带电物体间直接相互接触,或者由于距离较近导致高压击穿空气时,电荷就可能在物体间发生转移,并因"电流效应"而产生发光放热的现象。由于这些现象都与静电荷有关,所以这些现象被统称为"静电现象",我们在现实生活中就能观察到很多有趣的静电现象。比如:在干燥的天气下,人体在运动时就容易由于衣物间的摩擦而带上静电,又因为鞋子通常都是绝缘的,所以这些静电荷很难释放到外界,反而在人体越积越多,逐渐形成很高的静电位(最高可达几万伏)。这时,如果人体接触到他人或者金属,比如在公交车上抓住车门边的金属杆或者在公交车上触碰到他人,就可能因为电荷的转移而引发"静电火花",并产生触电般的针刺感,很是吓人。不过你不用紧张,这些静电放电现象不会伤害你,因为静电压虽然很高,但不具备持续性,在一瞬间就放掉了,因而不会有持续的电流伤害。当然,这个瞬间电流还是很高的,所以一些有高血压或心脏病的老人还是应该通过戴手套来尽量避免引发静电放电现象。其他有趣的例子还包括:冬天睡前脱毛衣时,会噼里啪啦一通乱响,黑暗中看起来像是火星四溅;有一些男女情侣也会因为偶然触碰所引发的"静电火花"而感觉"来电",进而展开了一段神奇的恋情。不过,这种静电火花有时也会引发火灾或者爆炸,所以我们在公路上常常看到一些大型油罐车的尾部会拖着一条铁链。其实,这就是为了导走油料的碰撞摩擦所产生的静电荷,从而避免引发电火花,造成油料的燃烧和爆炸事故。

除了以上这些常见的与电流效应有关的静电现象,生活中还广泛存在一些与"静电感应"和"静电极化"有关的静电现象或应用。比如,人们利用静电感应原理可以使导体带电,而早期的一些静电感应起电机比如范式静电起电机或者手摇式静电起电机都是根据这个原理制成的。现在,我们最常见的还是手摇式静电感应起电机(请参见本书配套慕课视频),当我们快速摇动把柄使起电盘快速旋转时,会通过摩擦使起电盘上产生大量的静电荷,而放电叉虽然不直接接触但却靠近起电盘,起电盘在强静电场的作用下通过静电感应过程在叉端积累大量的感应电荷。此时,如果我们把放电叉与验电器靠近,即便不直接接触,也可以看到验电器里面的铂片因为感应静电而带上电荷并张开;此外,如果我们在摇动把柄时把两个放电叉的球体相互靠近,还可以看到因感应电荷移动而产生的静电火花现象。

静电极化现象在我们的日常生活中就更加常见了,我们平时所说的"带电物体能够吸引轻小物体",其实就是静电极化效应的一个体现。比如,我们用塑料梳子梳头时,由于摩擦而使梳子带静电,当梳子靠近小纸屑时,由于静电极化效应,小纸屑会呈现出极化电荷。当梳子与小纸屑间的静电吸引力大于小纸屑的重力时,小纸屑就会被吸到梳子上了。类似的现象还有摩擦过的气球:用毛皮或者绸布摩擦过的气球不仅能吸引轻小物体,还能魔术般地使细水流发生弯曲(请参见本书配套慕课视频)。其实,这就是气球上的静电使水分子发生静电极化而导致的有趣现象。当然,如果读者不能很好地了解静电极化效应,它还可能带给我们类似如图10.7中的这只喵星人的困惑。"哼,这个气球真讨厌,为什么老是粘着我,呃,你是爱上我了吗?"

图 10.7　静电极化让气球爱上了喵星人

### 10.2.3　带电导体表面的电场分布规律

带电物体的周围存在电场,但这个电场是如何分布的呢? 为什么闪电总是击中摩天高楼、塔尖或者大树,导体表面的形状与电场的分布之间是否存在什么特殊的关系?

其实,带电导体表面的场强分布和电荷密度通常与导体表面的凹凸程度有关。一般而言,带电导体表面越是向外凸起,电荷分布密度和电场强度将会越大;相反,导体表面越是向内凹陷,电荷分布密度和场强就会越小。如果用通俗的语言,还可以简单地表述为:"越尖的地方电场越强",这就是"带电导体表面的电场分布规律",这个规律常常会在生活中引发一些有趣的电现象。比如,当我们站在绝缘体上触摸带电物体时,静电荷就会聚集在身体最尖、最凸起的发梢上,并由于电荷间的同性相斥作用,而出现头发炸开的现象。其实,不仅人体的头发,有时爱乱窜的长毛小狗如果在窗帘里打几个滚,它的长毛很可能会分散立起来,呈现出萌萌哒的爆炸形状。这时,估计长毛小狗也会为自己滑稽的形象大吃一惊吧。

由于导体凸起处具有极大的电荷密度和场强,所以人们逐渐发现:当两个尖状带电导体的距离足够近时,其间本来是绝缘体的空气将很可能在高压条件下被击穿、电离,并由于电流现象而持续发出刺亮、跳跃的电弧,这就是"尖端放电"现象。其实,早在18世纪,就已经有人发现了尖端放电现象,并在书籍中描绘了带静电的王子通过手指的接触,用"爱的火花"唤醒了沉睡的美丽公主的故事(如图10.8所示)。不仅在故事中,就在现实生活中,我们也可以很轻松地模拟尖端放电现象。比如著名的"雅各布天梯"(请参见本书的配套慕课视频),这个特殊装置中有两根长电极,电极间下方的距离较近,上方的距离较远,从而呈现出"倒梯形"的形状。当我们为两根长电极分别接通高电压时,两根电极的底部由于具有最短的距离,其间的空气被首先击穿,形成大量等离子体,并产生电弧放电。与此同时,由于电离后热空气的向上对流再加上电动力的驱使,电弧会逐级激荡而起,快速地向上爬升,犹如古希腊神话中神秘的"雅各布天梯"。

**图10.8  王子通过"尖端放电"唤醒沉睡的公主**

闪电也是自然界中一种十分常见的尖端放电现象,空中厚重的积雨云通过剧烈的碰撞产生大量的正电荷,并聚集在云层向下凸起的部位;由于静电感应,地面向上凸起的部位也将聚集大量的负电荷。当电荷密度增加到一定程度,同时云层又靠近地表时,中间的空气将在高压作用下被电离而变成导体,地面的凸起部位将向云层释放出大量负电荷(等效于正电荷向下传输)。在电离的空气路径上,则由于电流效应而产生猛烈的发光放热的现象,这就是闪电发生的基本原理。对于闪电现象,"尖端放电"原理很好地解释了为什么地面上越是凸起的地方,比如高楼、塔尖和大树,其越容易被闪电击中的原因。因此,在雷雨天,我们要尽量远离高楼、高塔、树木、电杆等凸起物体,以免因尖端放电现象造成伤害;如果附近连续被闪电击中,我们则应该尽量俯下身体,快速小步离开;当然,在这种情况下,一个身材苗条的女性可能会比胖子面临更大的理论危险。不仅在地面,天上的飞机也要远离积雨云,以避免被闪电击中而造成空难事故。以上提到的都是闪电给人类生活所带来的负面影响,不过有时闪电也能为我们营造出特殊的艺术效果,比如一些舞蹈艺术家用尖锐导体或手指就可以控制放电,并带来震撼的闪电舞效果(请参见本书的配套慕课视频)。利用尖端放电原理,人们还可以制作出通过手指接触就能发出炫丽电弧的装饰工艺品,比如在很多科技馆比较常见的"辉光球"。当我们用手指接触辉光球的球体表面时,可以看到:一道电弧将球体中的电极和我们的手指连在一起。当我们将多根手指同时放到球体上时,在尖端放电效应的作用下,电弧就会像是中了神秘的魔法一般热情跳动,而我们也似乎变成了充满神奇力量的魔法师(请参见本书配套慕课视频)。

# 10.3  电与磁

## 10.3.1  磁场与磁现象

人类最早发现的"磁现象"来自天然磁石对铁类物质的吸引。比如,在中国的春秋战国时期,《管子·地数篇》一书中就曾记载"上有慈石者,其下有铜金"的现象,其说明了磁石能吸引某些金属的特性,当然这里字面的"铜金"并非现代化学意义上的"铜金",而是泛指铁这类金属,这也算是中国有关"磁现象"的最早文字记载了。有趣的是,中国的"磁石"这个名称是从"慈石"转变过来的,意思是磁石吸引铁就像一个慈爱的母亲吸引自己的孩子一样。无独有偶的是,在欧洲大陆的法国人也是最早用类似的名称"aimant(法文意为慈爱)"来命名磁石的。

中国是世界上最早对物质磁性做出全面研究和应用的国家,如图10.9所示,传说在遥远的夏朝,中华民族的始祖"黄帝"与南方九黎族的首领蚩尤争夺中原,蚩尤战败后施雾逃走,黄帝则在医祖岐伯的帮助下制造了指南车,并在指南车的指引下冲出迷雾,最终抓住并杀死了蚩尤,这个传说可以算是世界上对磁现象最早的应用了。战国时代,中国人根据指南车的传说进一步制成了指南针,最初的指南针用天然磁石制成,样子像一只勺子,底圆,可以在平滑的"地盘"上自由旋转,等它自然静止时勺柄就会指向南方,古人称它为"司南"。中国人发明的指南针,不仅为世界航海业的发展做出了巨大的贡献,也成为体现中国古代科技水平最著名的"四大发明"之一。到了宋代,中国对磁现象的研究达到了更高的水准,代表性的研究成果则是著名科学家沈括在《梦溪笔谈》中记载和验证了磁针"常微偏东,不全南也"的磁偏角现象,这比欧洲最早记录"磁偏角"现象的英国人诺曼要早约400年。

**图10.9 指南车帮助黄帝战胜了蚩尤**

我们知道磁石具有磁性,可以吸引铁、钴、镍、锰等金属。所有的磁石都具有两极,一个北极(N极)、一个南极(S极);两极的磁性最强,且磁极间也满足"异性相吸、同性相斥"的基本规律。我们知道:带电物体间的相互作用是通过电场来实现的,那么磁体间的相互作用又是通过什么来实现的呢?根据场论的观点,一个磁体在周围空间会激发磁场,而磁体间的相互作用也是通过磁场来实现的。为了描述磁场的强度和方向，人们引入了"磁感应强度"的物理概念，用字母 $B$ 表示。同时，为了形象地描述磁场的分布，人们模仿电场线的做法，也虚拟出一种闭合的曲线，叫作"磁感线"。与电场线类似，磁感线也是一种物质，其疏密程度体现了磁感应强度的大小。在磁体外部，磁感线从N极出发，返回S极；而在磁体内部，磁感线则从S极出发，返回N极，并形成闭合曲线。

其实，地球就是一个天然的大磁体，地磁和地理的两极刚好相反，且存在 $11.3°$ 的偏角，也就是沈括所发现的"磁偏角"。大雁和鸽子等鸟类做长途飞行就是靠地球磁场的导航来完成的，在大雁和鸽子的大脑内部有一个区域，就像指南针一样，可以感受到地磁线的方向，所以它们可以明显地感知自己的飞行路径，而不会迷失方向。不过，大雁的"人"字形飞行和地磁线没有关系，这只是为了借用前一只大雁扇动翅膀产生的气旋而形成的较为省力的飞行方式。地磁场不仅能为鸟类导航，还能很好地保护地球上的生命。通常，宇宙间充斥着大量宇宙射线，这些高能射线足以杀死任何暴露在辐射下的生物，而地球的磁场就可以很好地屏蔽这些射线。因为这些射线主要由高能的带电粒子构成，而带电粒子在磁场中的运动会因为受到"洛伦兹力"而发生偏转，并转向磁场最强的两极地区，所以地磁场更像是护盾一样时刻保护着地球上的生命。在地球历史上曾有过几次地磁场偏转，那时磁场强度的衰减会导致保护作用的减弱，很多生物就因为高剂量的宇宙辐射而死亡。在这个过程中，海洋生物会占一些便宜，因为带电粒子很难穿过水层，所以海洋也更有利于初级生命的诞生和进化。此外，极光现象的出现也与地磁场有关。我们知道极光常常出现在地球的两极地区，就是因为带电粒子进入地磁场后，会在地磁场作用下转向强磁极区。这些高能带电粒子会使两极地区高空的大气分子电离，从而呈现出一些绚丽多彩的发光现象。极光不只在地球上出现，其他满足"大气、磁场和高能带电粒子"条件的星球上也可以欣赏到这美丽的极光现象。

通常，地震发生前的地磁场会发生显著变化，从而导致一些神奇的地震预警现象，比如：在1976年的唐山大地震前，就有人看到关闭的白炽灯夜间自动亮起，还有市民的收音机突然失灵，这都是典型的震前电磁异常现象。另外，地震前一些动物往往也会表现出极度烦躁的现象，鸡鸣狗吠、鱼儿浮出水面等等。其实,这些现象都可能与地磁场的突变有关。地壳中的岩石通常含有磁性物质,地震前岩石发生剧烈的形变,造成局部地磁场异常,这就是所谓的"震磁效应"。这种突然的地磁场异常会导致电磁场的剧烈变化,从而引发导线的发光放热和电波信号异常;而鸡、狗、鱼等动物对磁场的反应比较敏感,由于长期适应了稳定的地磁场,当磁场突然出现剧烈的变化时,这些动物就会产生烦躁不安的情绪。因此,在地震观测站附近,人们常常会饲养一些对磁场反应敏感的小动物用于地震预警研究。

### 10.3.2　电流磁效应与安培力

在很长一段时间里,磁学和电学的研究一直是独立发展的,人们普遍认为电和磁之间没有直接联系,而这种错误的观点一直持续到1820年。第一个发现电磁之间联系的人是著名物理学家奥斯特,奥斯特从小就对电和磁的关系很感兴趣,在他之前,美国科学家富兰克林就曾做过莱顿瓶(一种早期的电容器)放电实验,结果放电电流把一根焊条磁化了。这个实验结果使得奥斯特坚信电磁之间的转化是有可能的,所以他一直想找到能证明这种转化的方法。1820年4月的一天,如图10.10所示,奥斯特在一次演讲快要结束的时候,抱着试试看的心情又做了一次实验。他把一条非常细的铂导线放在一根用玻璃罩罩着的小磁针上方,接通电源的瞬间,奥斯特发现小磁针突然跳动了一下。这一跳使得奥斯特喜出望外,竟然激动得在讲台上摔了一跤。在接下来的几个月里,奥斯特闭门谢客,埋头设计了几十个不同的实验,都证实了通电导线(电流)周围存在磁场。1820年7月,奥斯特发表了著名的论文《关于磁体周围电冲突的实验》,向学术界宣告了电流磁效应的发现,整个物理学界都为之震动了。随后,物理学家法拉第根据奥斯特的发现进行了深入研究,他通过用通电导线吸引磁粉的方法观察到了通电导线周围的环形磁场。这个实验结果,不仅证实了奥斯特有关电流磁效应的发现,也揭示了电流在周围空间所激发的磁场分布情况。

奥斯特

**图 10.10　奥斯特发现电流的磁效应**

　　奥斯特的实验很好地证实了磁现象实质上起源于电荷的运动,电流周围就会激发磁场。我们知道:磁极(磁场)间有相互作用,因此理论上外加磁场也可能对电流产生作用力。为了研究这个问题,19世纪初,如图10.11所示,法国物理学家安培在一根通电导线的旁边施加一个外磁场,结果发现:"通电导线因受磁场力而运动。"为了纪念安培的发现,人们把这种电流在外磁场中所受到的磁场力称为"安培力",正是安培力导致了通电导线的运动。为了定量研究磁场对电流的这种作用,安培还设计了四个极其精巧的后续实验,并在实验结果的基础上进行数学推导,最后发现:"安培力的大小与电流强度 $I$、直导线的长度 $L$ 以及均匀外磁场的磁感应强度 $B$ 有关",其数学表达式为:

$$f = IBL\sin \alpha \tag{10.4}$$

通电导线在磁场会受到力的作用。

安培

**图 10.11　安培力的发现**

现在我们已经知道:任何电流(运动电荷)都在自己的周围空间激发磁场,凡是位于磁场中的其他电流(运动电荷)都可能受到磁场力的作用,这些电流(运动电荷)之间的相互作用就是通过磁场来传递和实现的。安培的发现虽然只是简单地揭示了"磁场对电流的作用规律",然而电流的运动其实只是一场革命的开端。现在,在安培力原理的启发下,人们发明了电动机,并制造了各种电动设备,这都极大地改变了我们的世界,丰富了我们的生活,并广泛地应用在商业、工业以及科技等社会生活的方方面面。

### 10.3.3　电磁感应现象

奥斯特发现的电流磁效应从一个侧面揭示了电与磁之间的关系,即:"电流会在周围激发磁场"。那么反过来,磁场又能否激发电流呢?针对这个问题,许多科学家展开了探索,"电磁热"席卷欧洲,研究结果大量发表,众说纷纭,真伪难辨。1821年,英国《哲学学报》编辑邀请著名物理学家法拉第写一篇关于电磁问题的评述,正是这个约稿促使法拉第开始了电磁学的研究,并最终有了伟大的发现。

和奥斯特一样,法拉第笃信自然力的统一,并一直在寻找"磁生电"的踪迹,然而,在1821—1831年这十年间,法拉第还是经历了无数次的失败,他的实验日记里记录了无数次不成功的尝试,顽强的意志跃于纸上。尽管"磁生电"的迹象还没有找到,但法拉第的信念始终没有动摇。1831年8月29日,历史性的伟大时刻终于来临,如图10.12所示,法拉第设计了一个精密的电磁学实验:他首先取来一根铁棒,在铁棒上绕上线圈,再和电流计相连,铁棒两端各放一根磁棒,当磁棒张合之际,法拉第惊喜地发现电流计的指针也在不断摆动,也就是产生了"感应电流"。这个实验结果使法拉第敏锐地意识到:"闭合导线在磁场中做切割磁感线的运动时能产生感应电流",这就是"电磁感应现象"。

图10.12　法拉第发现电磁感应现象

　　在随后的一个月里,法拉第对多种产生感应电流的方式进行了尝试,并对各项实验结果做了总结,最后他向英国皇家学会报告说:产生感应电流的情况可以分为五类,即"变化中的电流、变化中的磁场、运动的稳恒电流、运动中的磁铁、运动中的导线";总体上看:"通过回路所包围面积的磁通量发生变化时,回路中产生的感应电动势与磁通量对时间的变化率成正比",这个规律就是著名的"法拉第电磁感应定律"。当然,法拉第所概括的这段话看起来比较晦涩,在这里我们也可以用更加通俗的话来表述,即:"只要闭合线圈中的磁感线数量(也就是磁通量的大小)发生变化,闭合线圈中就会持续产生感应电流以阻止这种变化",其用数学表达式可写为:

$$\varepsilon = -\frac{\Delta \Phi}{\Delta t} \tag{10.5}$$

　　当然,法拉第的这些工作只是定性地用文字表述了"电磁感应"现象,1833年爱沙尼亚物理学家楞次在概括了大量实验事实的基础上,总结出一条判断感应电流方向的规律:"感应电流的磁场要阻碍原磁通的变化",也就是"楞次定律"。显然,根据楞次定律,我们还可以判断出感应电流的方向;而到了1845年,匈牙利物理学家诺依曼从矢量的角度最终推导出了电磁感应定律的数学形式。在电磁感应定律的启发下,人们发明并制造了发电机,现在对电的应用已经深刻地融入了人类生活的方方面面,不仅极大改变了人类的生活方式,还推动人类社会、文明的飞速发展。因此,"电磁感应定律"也堪称是电磁学最伟大的发现。

# 第11章　光学

## 11.1　光的本质

### 11.1.1　微粒说和波动说

光是一种重要的物理现象,它照亮我们的世界,还带来美丽的城市霓虹。光又是生命之源,各种生物是在光的辐照下才逐渐生长,生意盎然;光还为人类提供能量,是人类赖以生存的基础。光又是信息之窗,是人类了解神秘宇宙的最佳信使。然而,光的本质究竟是什么? 这个问题却在历史上引发了长久的争论。

18世纪,著名的物理学家胡克根据对声波和水波的认识,认为光就像抖动的绳索(如图11.1),是一种弹性的机械波,只是介质的振动,并不存在实际物质的传递,这就是著名的光的"波动说"。荷兰物理学家惠更斯不仅赞同胡克的观点,还在1678年进一步认为:光是发光体在"以太"这种介质中传播的机械纵波,就像声音在空气中的传播那样。据此,惠更斯还创立了用以解释光波动性的著名的"惠更斯原理"。

图11.1　胡克和惠更斯支持光的"波动说"观点

　　然而,如图11.2所示,牛顿在思考这个问题时则有不同的看法,他根据光的直线传播特性,提出光是一种微粒,是真实的物质传递,这也就是光的"微粒说"。同时,牛顿还利用"光的微粒说"观点来解释一些光学现象,比如牛顿就认为:"光的粒子以一定的速率在真空中保持直线运动,碰撞到光滑的镜面则产生弹性反射。"这就好比我们现在所理解的乒乓球(粒子)在台面反弹,所以牛顿认为光的反射现象就是光的"微粒说"的很好证据。不仅反射现象,法国物理学家笛卡儿的理论推导也证明了光的"粒子性"假说还能够解释光的折射现象,甚至在相当程度上能够完整地解释所有几何的光学现象。

图11.2　牛顿和笛卡儿支持光的"微粒说"观点

　　虽然光的波动说和微粒说都存在一定的局限性，但由于牛顿在学术界的崇高声望，牛顿支持的微粒说在一个多世纪的时间内还是被更多人接受。重大的转折发生在1801年，英国人托马斯·杨首次完成了光的双缝干涉实验，他利用一块挡板上的两个狭缝将点光源分为完全相同的两束光，并在屏幕上观察到了与水波干涉行为十分相似的明暗条纹。同时，他还通过实验测出了空气中不同色光的波长，这些都成为光的波动说的有力证据。1809年，法国物理学家马吕斯发现了光的偏振现象，为了解释这种现象，马吕斯认为这是因为光波具有一个非常小的横向振动分量，由此马吕斯开始怀疑惠更斯关于"光是一种机械纵波"的观点。1821年，法国物理学家菲涅耳则在马吕斯的工作基础上，通过数学计算得出重要结论："光的振动完全是横向的"，也就是说光其实是一种"横波"。为了验证自己的计算结果，菲涅耳还利用自己设计的特殊光学装置做了光的干涉实验，从而继托马斯·杨之后再次证实了光的波动性。后来，菲涅耳根据光的"波动性"又设计了著名的"菲涅耳衍射"，其结果不仅更进一步证实了光的波动性，还极大完善了光的波动理论。至此，人们终于接受了光的波动说，但是需要特别强调的是：这时人们所理解和接受的光的波动性，仍然是基于弹性机械波的。所以，当时人们对光的波动性的理解仍然是片面的，甚至错误的。

　　这种错误的情况一直持续到19世纪60年代，英国物理学家麦克斯韦总结了前人在电磁学方面的知识并加以扩展，创立了电磁场理论，他认为："周期性变化的电场会产生周期性变化的磁场，电场和磁场交替产生，由近及远地向周围传播，就会形成电磁波。"麦克斯韦的理论不仅预言了"电磁波"的存在，还揭示了光的本质就是一种电磁波。到了1887年，如图11.3所示，德国物理学家赫兹根据麦克斯韦的理论，设计了一系列实验，终于发现了电磁波，并揭示了光和电磁波一样，都具有反射、折射和偏振等波的基本特性。这个结果不仅证实了麦克斯韦电磁理论的正确性，而且证实光的本质确实就是一种电磁波。此外，赫兹还根据麦克斯韦的理论，计算出了电磁波在真空中的传播速度与当时已测得的光在真空中的传播速度完全相等。从此，光是电磁波的观点又逐渐取代了光是机械弹性波的观点。

**图11.3　赫兹首次从实验上证实光是一种电磁波**

不过在20世纪来临的时候,光的波动学说又面临新的挑战,如图11.4所示,人们观察到只有用特定波长的光照射在某些金属上才会有电子逸出的现象,也就是"光电效应"。显然,如果光波是连续的,那么任意光波在足够长时间内的能量积累都会使电子逸出,可是这个现象并没有发生,只有特定波长的光波照射才能观察到这个现象。这个实验结果显然是光的波动理论无法解释的。1905年,为了解决这个问题,爱因斯坦首次引入了"光量子微粒"的概念:光量子是一个携带能量的粒子,就像用乒乓球无法砸倒一瓶啤酒,但用一块石头却可以做到,电子的逸出意味着与光子能量的匹配;而光子的能量大小则决定于光波的频率(波长),改变光波频率的实质就是改变光波的能量。显然,爱因斯坦对光的本质的解释又回到了"微粒说"的范畴,由于光的"波动说"和"微粒说"在解释一些光学物理现象时各具优势,所以关于光的本质的问题也成了当时物理界的一个大难题。

1922—1924年间,一个刚从历史学领域转向物理学研究的法国青年学者德布罗意,在充分理解普朗克、爱因斯坦以及波尔等人对量子规律的论述之后,他连续发表了三篇重要的论文,首次提出了物质波的"波粒二象性"假说,并通过晶体对电子的衍射实验成功证实了这个假说。后来,人们更进一步地发现:当光的波长较短时,光波的"微粒性"较强,并由此体现出更明显的几何光学现象;相反,当光的波长较长时,光波又会显现出更显著的"波动性",以及干涉、衍射等波动光学现象。德布罗意的假说和实验终于顺利地解决了光的波动性与微粒说之间的纠葛。原来,光既是电磁波,又具有粒子性,也就是

图11.4 爱因斯坦与"光电效应"

说光具有"波粒二象性"。1926年,在德布罗意的启发下,德国物理学家波恩进一步提出了德布罗意波概率分布的解释,这最终导致了后来描写微观粒子的波动方程——"薛定谔方程"的诞生,而薛定谔方程在新物理体系中的地位被认为和牛顿运动定律在旧物理体系中的地位一样伟大。说到薛定谔,很多读者一定会想到著名的"薛定谔猫"的思维实验,其实这个实验也与微观物质的波粒二象性有关。这个实验是说:"把一只猫和毒药同时放入一个封闭的盒子,打开盒子前猫的生死不明,打开盒子观测才能知道结果。"这个思维实验体现了认识量子行为的一个关键操作:"观测"。微观物质有不同的存在形式,即粒子和波。通常,微观物质以波的叠加混沌态存在;一旦进行观测,它们立刻选择成为粒子,这也体现了微观物质的"波粒二象性"。

### 11.1.2 色散与颜色

现在我们已经知道:光在本质上就是一种电磁波。但是,光为什么会呈现出不同的颜色呢? 为了回答这个问题,牛顿在1665年做了一个著名的"三棱镜色散"实验。如图11.5所示,牛顿让一束太阳光射进暗室,通过一个三棱镜后再投射到屏幕上,结果屏幕上出现了一条包含"红橙黄绿蓝靛紫"的彩色条纹;反过来,牛顿用另一个三棱镜把这些彩色光再聚集起来,又看到它们所合成的白光,这个实验清楚地说明"白光是由很多色光组合而成的",而三棱镜对白光的分光过程则被称为光的"色散"。其实,光通过"色散"所形成的彩色条纹并非只有用三棱镜才能观察到。在日常生活中,如果某个时刻阳光明媚,而空气又较为湿润,比如雨后,我们在空中就很容易看到阳光色散的彩色条纹——也就是彩虹。而根据光的色散原理,我们还可以在充分的阳光条件下,通过喷水的方式在空中引入大量小水滴,这些飘散在空中的小水滴(上尖下粗)将起到类似三棱镜的作用,并通过色散原理来创造出美丽的彩虹。

**图11.5　牛顿在做"三棱镜色散"实验**

根据三棱镜色散实验的结果,人们通常认为太阳光是由"七种色光"混合而成的。然而,这并不是事实! 假如我们把彩虹拉近放大,会发现实际上每一种颜色都包含无数种不同的渐变单色,正是这无数独立的单色组合在一起,才构成了我们所看到的"七色"彩虹。事实上,由于光的本质是电磁波,所以在三棱镜色散实验中,我们所看到光的不同颜色实际上取决于电磁波的波长,任意波长的光波都对应一个独立的单色。因此,色光的种类其实远不止我们所看到的七种,而是非常丰富的。一般来说,人类眼睛可以看到的光叫作可见光,其波长分布在400～700 nm的范围内,从蓝光到红光,波长依次变长。当然,除了人们在日常生活中通过肉眼就可以直接看到的可见光外,光其实还包括更大范围的不可见光,比如波长大于700 nm的红外光或者是波长小于400 nm的紫外光、X射线以及γ射线等。如果我们的眼睛能看到这些不可见光,可以想象,很多种奇特的"色彩"叠加在一起,那将是多么有趣、抑或恐怖的场景。其实,无论是可见光还是不可见光,它们在本质上都是电磁波,只有波长的差别;光波本来也是没有"颜色"的,光波之所以能呈现不同颜色还在于人眼对不同波长的光波能产生感光效果。现实生活中,有一些人的眼睛会有"色盲"的眼疾,其实这就是因为这些人的眼睛无法对一些波段的光波形成正常的感光效果;另一方面,由于人眼和动物眼睛的感光效果有差异,所以小猫小狗等动物眼里的世界或许和人类眼里的世界是不太一样的。

色光具有不同的波长,这不仅导致色光能呈现出不同的颜色,还导致色光体现出"微粒性和波动性"差异,从而引发一些生活中常见的光学现象或应用。比如:红光由于波长较长,所以波动性较强,这使得红光在空气中具有较好的穿透性。在我们的现实生活中,消防车、警车等特种车辆或者一些危险标示常常会采用红色,这就是因为波动性很强的红光可以在散布微小尘埃的空气中传播更远的距离(衍射),更容易被人眼所看到,从而能起到危险警示作用。与红光的情况刚好相反,蓝光由于具有更短的波长,微粒性更为明显,所以蓝光很容易发生散射等几何光学现象。比如,我们都知道晴朗的天空是蓝色的,其实这个现象就源自空气分子对太阳蓝光的散射。原来,当光波遇到比自己尺寸小得多的颗粒比如空气分子时,会发生一种叫作"瑞利散射(分子散射)"的光散射现象,瑞利散射与光的波长有关,波长越短越容易发生散射。所以,空气分子会强烈地散射短波长的蓝光,并同时因为光的散射而变成了一个个微型的蓝色"光源",就好像空中挂满了无数"蓝色的星星"。正是这种向四面八方散射开来的蓝光,将天空渲染出深邃、迷人的蓝色。那么,高空的颜色是否也是蓝色的呢? 这可不一定,越到高空,空气越稀薄,空气分子越少,瑞利散射出的光也很少,所以天空的亮度会越向上越暗,并呈现出暗青色或者暗紫色(我们在乘坐飞机时就可以看到这样的景象)。低空的情况也不太一样,低空大气中含有较多颗粒尺寸较大的尘埃或者小液滴,这时"瑞利散射(分子散射)"不再起主要作用,而是以"米氏散射"为主。米氏散射与波长没有关系,所有波长的光都能被同样程度地散射,所以我们常常在污染严重的天气(富含悬浮颗粒)会看到天空是白色的;同时又由于米氏散射的强度小于瑞利散射,我们能看到的白光也较少,从而使天空呈现出灰白色甚至暗白色这种很"脏"的颜色。除了污染的空气,大雾天气下的空中也会密布悬浮的小液滴,有经验的驾驶员在大雾天一定不会打开能发出强白光的远光灯,因为那样通过米氏散射回来的光会使得驾驶员眼前一片白茫茫,什么也看不见。不过,雾灯以波长较长的黄光为主,由于黄光的波动性较强,在发生米氏散射的同时也能呈现出一定的穿透性,所以在大雾天驾驶员可以使用黄色的雾灯来辅助照路行驶。此外,由于红外线的波长比红黄光还长,所以波动性极好的红外线也常常被应用于遥感技术。

在日常生活中,我们常常还会注意到:朝阳和夕阳都是红色的,而晌午的太阳则是亮白色的。这是因为早晨和傍晚时的太阳光是斜射到地面的,要穿过很厚的大气层,所以光的瑞利散射效应非常显著。其结果是太阳光中的短波部分几乎都被散射了,仅剩下波长较长的红光部分能够到达地面,所以太阳看起来就是温暖的"红彤彤"的颜色。而在中午,太阳从正上方直射地面,阳光需要穿过的大气层最薄,瑞利散射效应较弱,更多的短波蓝光会穿过大气层进入人眼,所以中午的太阳光会因为含有较多的蓝光成分而呈现出刺眼的亮白色。

# 11.2　几何光学

## 11.2.1　光的直线传播定律

作为一种电磁波,光通常是以波动形式传播的,遇到小障碍物时能以衍射的方式"绕过"障碍物而继续传播。但是,如果光在传播时遇到的障碍物的大小比光波的波长大很多,光波的衍射现象就不太明显了。在这种情况下,光可以看成是"沿直线传播"的,也就是遵照"光的直线传播定律",并由于较强的"微粒性"而体现出一些常见的几何光学现象。

光在路径上总是沿直线传播,这不仅是光的基本特性,也是几何光学的基本前提。人类最早认识到光沿直线传播是在公元前4世纪。当时,中国的墨家已经论证了光的直线传播性质,并演示出世界上最早的"针孔成像"实验,其他如11世纪沈括在《梦溪笔谈》中所记录的"焦点测定"、14世纪中叶赵友钦的"小罅光景"等实验,使得中国古代在几何光学方面所取得的成就长期居于世界领先地位。遗憾的是,中国古代的学者们多注重光学现象的记录及其应用,很少对其中所涉及的物理和数学原理进行分析总结,因此虽然我们很早就有了"重大发现",但却始终与科学定律的发现权无关。一直到了17世纪上半叶,斯涅耳和笛卡儿等人才根据光的反射和折射的观察结果总结出"光的直线传播定律"。而随后,牛顿提出光的"微粒说",在很好解释光的反射和折射定律的同时,还成功解释了光的直线传播现象。至此,光的直线传播定律也逐渐被人们所认可。

光的直线传播特性在人们日常的生产生活中有很多实际应用。比如,在军事行动中,狙击手会通过眼睛、目标和准星的对齐来进行射击瞄准,传统的"三点一线"的射击技巧就是利用了光的直线传播特性;而在现代一些高性能枪械上,士兵还会装上激光指示器,利用激光的直线传播特性对目标进行辅助瞄准。皮影戏也是利用光的直线传播特性而创造出的一种特殊、有趣的光学艺术效果。这是因为光在直线传播的路径上被皮影具遮挡,就会在屏幕亮场中形成阴影,从而呈现出生动的形象。正因为如此,小到物体的阴影,大到月食、日食等壮观的天文现象都与光的直线传播定律有关。同样,利用光的直线传播特性,舞蹈演员们纵向排列进行表演,表面看起来只有一个演员,但实际上却能看到无数只手,从而带给观众一种"千手观音"般的震撼视觉效果。还有一个非常有趣的笑话:一位男士在大街上盯着一位路过的美女看,这位美女很生气地责问道:"你为什么盯着我看?"这位男士则风趣地说:"你不盯着我看,怎么知道我在盯着你看?"这虽然只是一个笑话,但也很好地体现出了"光总是沿直线传播"和"光路可逆"的基本性质。

### 11.2.2 光的反射定律

如果光在沿直线传播的过程中遇到两种媒介的界面,部分光线可能会折返回原媒介,也就是"光的反射"现象。光的反射严格遵循光的"反射定律",其内容是:"入射光线与出射光线在同一平面内,入射光和反射光分居法线两侧,且光路的入射角总是等于出射角。"在实际生活中,光的反射通常分为两种类型:漫反射和镜面反射。其中照射到布、墙等表面粗糙的物体上的光线会反射到各个方向上,这是"漫反射",比如粗糙的电影幕布就是应用了对光的漫反射原理,从而让坐在剧场每个位置的观众都能看到电影画面。如果光线照射到平面镜等光滑表面上,就会向某一特定方向反射,这称为"镜面反射",我们平常所说的"照镜子"指的就是镜面反射。显而易见,表面是粗糙还是光滑就成为衡量漫反射和镜面反射的关键条件。但是,我们怎样来界定表面的"粗糙"和"光滑"呢?是不是所有光滑的表面都能发生镜面反射呢?答案是否定的!比如:纸张摸起来很"光滑",但我们并不能通过纸张来映出物体的影像。用显微镜观察,会发现纸的表面是凹凸不平的,虽然我们的触觉告诉我们纸张很光滑,但对一束光而言,犹如身处坑坑洼洼的山地之中,这就是纸张不能成为镜子的原因。但有趣的是,如果我们用高倍显微镜来观察镜子的表面,其实也能看到很多凹凸,那么这些凹凸为什么又不会对光的镜面反射产生影响呢?原来,光线对反射面光滑与否的判断依据与光波的波长和凹凸的大小有关:如果凹凸的尺度小于入射光的波长,光线便认为反射面很"光滑",入射光就会遵循反射定律;但如果凹凸的尺度大于入射光的波长,即不光滑,入射光就会向四面八方散射开来。生活中注重细节的人会把皮鞋擦亮了再出门,不过刚擦过的皮鞋为什么会有光泽呢?其实,在没有抹鞋油的鞋面上会有很多凹凸,这些凹凸的尺度大于可见光的波长,这导致光在鞋面主要发生漫反射,因此鞋面就缺乏光泽;但是抹上鞋油后,皮革表面的凹凸尺度会小于可见光的波长,从而使皮鞋表面因镜面反射而带给人一种"光滑、铮亮"的感觉。所以说:表面的"粗糙"与"光滑"其实是相对而言的,光究竟是被漫反射还是被镜面反射,只取决于光的波长与表面凹凸尺度的关系。

光的镜面反射在我们的日常生活中有丰富的应用,比如:利用平面镜对光的反射,我们能够看到自己的模样;将多块平面镜按照反射光路组合起来,可以制成简易的监视器或者潜望镜,从而看到所在位置本来看不到的景象。平面镜会反映正常的图像,而球面镜则会扭曲图像,例如哈哈镜就是利用球面反射来制造一些滑稽可笑的视觉效果;汽车的后视镜和道路拐角处的广角镜,也是利用球面反射来增加驾驶员的视野。表面呈凹形的球面镜(凹面镜)还有更重要的实用价值,因为凹面镜的形状如果是抛物面,镜面反射的光就会聚集在一点上,也就是"焦点",这是许多望远镜(包括大名鼎鼎的哈勃天文望远镜)的聚光方式。我国古代著作《淮南子·天文训》中记载到:"阳燧见日则燃而为火",这说明中国古代已有人认识到凹面镜对光线的会聚作用。传说古希腊的阿基米德也曾利用铜制的凹面镜,通过其聚光作用把阳光聚焦到入侵叙拉古的罗马战舰上,并引燃涂满防湿火油的船体,最终打败了罗马舰队(图11.6)。而罗马人居然一直找不到战舰失火的原因,还以为是天神的谴责。

**图11.6 阿基米德利用凹面镜的反射烧毁了罗马舰队**

除了以上一些应用了反射原理的光学设备,其实我们的眼睛能看到物体呈现出不同的颜色,也与物体对特定波长的光的反射有关。光有无数的颜色,但物体本来是没有颜色的,自然界所呈现出的绚丽多彩,其实源自对特定波长的光波的反射。"生活是人们最好的老师",在菜市场或者超市里,肉贩们常常在肉摊上方挂一盏红灯,这可不是为了灯好看,而是为了让肉"好看"。原来,在红灯照耀下,摊子上的肉只能反射红光,所以肉会看起来更加"鲜红",从而让人们觉得肉比较"新鲜",这样一来肉产品也就更好售卖了。现在我们已经知道,太阳光是由无数具有不同波长的复色光所构成的,阳光照耀地球,而地球上的物体,比如花儿,要么反射红光、要么反射黄光,并吸收掉其他色光,或者干脆能把大多数的色光都反射回来。正是因为花儿对特定波长光波的反射效应,我们才能欣赏到一幕幕浪漫的红色、热情的黄色、纯洁的白色……自然界也因此而万紫千红、流光溢彩、生意盎然。值得一提的是:如果物体把所有光都反射到人的眼里,我们会看到白色;但如果物体把所有光都吸收了,我们就只能看到黑色,一个典型的例子就是"黑洞",正因为连光都无法挣脱黑洞的引力,所以黑洞看起来就是"黑色"的。所以说:白色和黑色这两种"颜色"其实并不真正存在,只是人眼的一种视觉效果而已。

### 11.2.3 光的折射定律

光在传播过程中如果遇到两种媒介的界面,光波将会发生反射现象,如果媒介是透明的,光波还可能穿过界面进入到另一种媒介,并且光路发生一定的偏折,也就是"光的折射"现象。从基本原理看,光的折射现象是由于光在不同媒介中的传播速度不同而引起的。一般来讲:光速较快的媒介,比如真空和空气,叫作"光疏媒介";相反,光速较慢的媒介,比如水和玻璃,则叫作"光密媒介"。根据光的"折射定律(又叫斯涅耳定律)":光斜射入界面时,光在媒介中的速度与光-法线间的夹角成正比。当光从光疏媒介(比如空气)中斜向入射光密媒介(比如玻璃)时,就会发生光路入射角大于出射角的现象,也就是光路的偏折。

光的折射现象在我们的日常生活中十分常见,比如:我们把一根筷子插入水中,会发现筷子在水下的部分发生了弯曲(会向上翘起),但提起来又会发现筷子其实还是直的。除了水,玻璃中也可以看到光的折射现象,比如:我们把一块厚玻璃放在直钢尺上,由于光的折射,尺子就会看起来像是"折断"了一般。折射现象常常带给人们视觉误差,比如:有经验的猎人在河里捕鱼时,会将标枪对准鱼儿的下方。这和"水中的筷子变弯"是同样的道理,水中鱼儿发出的光由于折射其影像会看起来向上翘起,所以如果用标枪直接对准鱼儿,就只能刺中鱼儿的折射虚像。另外,我们有时会觉得湖水很浅,但跳到湖水里时才发现原来湖水很深,显然这也是由于光的折射现象欺骗了我们。正如前面我们把筷子插入水中所看到的那样,筷子的水下部分会因为光的折射而向上翘起;同理,湖底的景象由于光的折射作用也会向上"翘起",使湖水看起来似乎较浅,因而容易造成溺水事故。

有时,在我们的自然环境中,比如平静的水面、平原或沙漠等地方,偶尔会在空中出现船只、建筑、树木等地面景象,这便是"海市蜃楼"的现象。其实,中国古代就有很多有关海市蜃楼的记载,比如《晋书·天文志》就曾写道:"凡海旁蜃气象楼台,广野气成宫阙,北夷之气如牛羊群畜穹庐,南夷之气类舟船幡旗。"宋朝的苏轼在《登州海市》中说:"东方云海空复空,群山出没月明中,荡摇浮迸生万象,岂有贝阙藏珠宫。"显然,这些古诗句都是对海市蜃楼的如实描写,虽然有很多记载,但当时并没人了解其成因和机理。

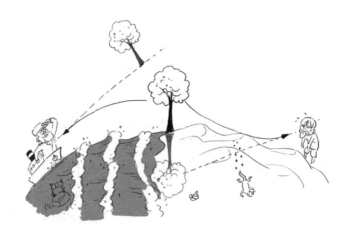

图11.7　海面和地面上的海市蜃楼

其实,海市蜃楼是一种特殊的几何光学现象,与水中看到的鱼儿其实并不在我们所看到的位置上一样,海市蜃楼中出现的"物体"实际上是真实物体发出的光经过折射后所形成的虚像。如图11.7所示,在大气中,空气的密度会随着海拔高度增高而变小,当光在通过密度不同的空气层时,就会发生路径偏折,并向下折向密度较大的空气层,看起来似乎是按照地球的曲率在传播。这时在海边的人就能看到远处海平线以下的船只、建筑等影像。不过,由于折射总是发生在流动的大气中,所以图像通常会有些扭曲,这些图像可能被放大或者倒立,而且可能离地平线有相当的距离,以至于看起来好像在天上一样。这些图像还可能跳跃、闪烁、移动,这可能源自空气的温度和密度在发生变化。在炎热的夏天,最常见的海市蜃楼现象就是在远处的路上出现一片绿油油的区域,好像一片草坪,但人走近却发现路面上什么都没有。产生这个现象的原因是:同样如图11.7所示,在夏日阳光的强辐照下,滚烫的路面会使得靠近路面的空气层变热,所以地面附近空气密度较小,这时从上方树木入射到地面的光线会发生偏折,并偏向上方密度较大的空气层,所以这时光线看起来好像向上弯曲了一样(与海面上的情况刚好相反)。这些光线的偏折程度有时会很大,以至于不能到达地面,而是直接"拐弯"进入在地面上行走的人眼中。所以,在这些人看来,路面上就有一片像草坪一样的绿油油的区域,其实那只是树木的虚像。

### 11.2.4 费马原理

光的折射定律的发现是光学史上的一个重大事件,它使得几何光学获得了进一步的发展,但光为什么会发生折射现象呢? 这个问题引起了许多著名学者的强烈关注,他们纷纷尝试从不同的物理角度,采用不同的数学工具来解释和证明光的折射定律。其中,法国数学家费马通过"费马原理"的发现,对包括折射现象在内的几乎所有几何光学现象都做出了较为完美的解释。

费马原理的内容是:"光在指定的两点间传播,实际的光程总是一个极值。"对于这句话中的新概念"光程",普通读者一般难以理解,在这里我们可以将费马原理通俗地翻译为:"光总会选择耗时最短的路径。"如图11.8所示,光线从 A 点经过空气−玻璃界面传播到 B 点可能会有两条路径,其中一条是沿 AOB 的折射路径,另一条则是沿 ADB 的直线路径。如果光线是在同一媒介中传播,那么 ADB 的直线传播路径显然耗时最短,这个结论刚好可以证明"光的直线传播定律"。但如果光线在传播中要经过空气−玻璃界面,情况就会有所不同。我们知道光在空气中的传播速度大于在玻璃中的速度,所以按照"费马原理",光会尽量缩短在玻璃中的传播距离以减小传播时间,比如 OB 的长度比 DB 要短,所以在玻璃中,光线会优先选择较短的 OB 路径。但是 OB 并非越短越好,因为 OB 的缩短又会显著增加 AO 的距离,从而增加光在空气中的传播时间。显而易见,AO 和 OB 的此消彼长必然会有一个最佳的"折中",沿着这个折中路径传播的光线将会具有最短的传播时间,而这个光线自己选择的最佳(耗时最少)路径就是光在界面上的折射路径,这个结论恰恰与光的折射定律所体现的基本内容是一致的。从本质上看,之所以发生光的折射现象的根本原因就在于:光很"聪明",为了尽量减小在光密媒介(光速较慢的媒介)中的传播距离,光总会减小在光密媒介中与法线的夹角,尽量沿着法线以最近的路径完成传播,从而产生入射角与折射角不一致的折射现象。而折射角(折射率)的大小完全决定于媒介中的光速大小,通常光疏媒介(空气)中的光折射率比较小,相反光密媒介(水和玻璃)中的光折射率总会相对较大。而另一方面,光从 A 传播到 B 是沿着 AOB;反过来,光从 B 传播到 A 也必然沿着 BOA 的路径,这个结果又可以证明一个非常重要的光学原理:"不论光线正向传播还是逆向传播,必沿同一路径。"这个光学定律被称为"光路可逆原理"。

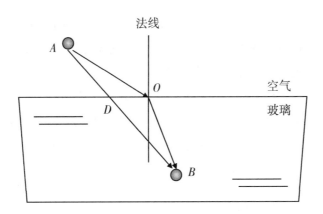

图 11.8 "费马原理"解释光的折射定律

　　其实,"费马原理"还可以解释光的"反射定律",如图 11.9 所示,光线从 $A$ 点经玻璃平面反射到 $C$ 点应该经历怎样的路径呢? 在这里,我们会注意到一个特殊点"$O$ 点",它处于法线和反射面交点。显而易见,在同一种媒介(即没有光传播速度的差异)中,与旁边的 $AO_1C$ 和 $AO_2C$ 的路径相比,当光线沿着 $AOC$ 传播时其传播路径将是最短的,耗时也将是最少的。由此看来,光之所以会选择 $AOC$ 的传播路径,还是因为光很"聪明",会自动选择耗时最少的最佳路径(费马原理的核心内涵)。同时,将 $O$ 点作为光线的反射点又必然呈现出"入射光与反射光分布在法线两侧且在同一个平面上,光线的入射角与反射角相等"等基本特征,而这些特征恰好又是光的"反射定律"的核心内容。

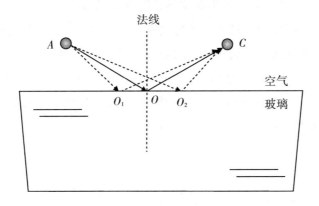

图 11.9 应用"费马原理"解释光的反射定律

就这样,几何光学的基础本来是看起来各不相关的三个实验定律——"光的直线传播定律、光的反射定律和光的折射定律"。但是,法国数学天才费马却把这些光学实验定律高度概括地归结成一个统一的原理——费马原理,并对几乎所有几何光学现象及定律都给出了完美的解释。可见,费马原理简直就是一条"大真理",堪称几何光学中最重要的物理原理。不仅如此,费马原理还对后来量子力学的建立也起到了十分重要的启迪作用,因此在物理学发展历程中具有非常重要的理论地位。

### 11.2.5 光的全反射

光在传播过程中遇到两种透明媒介的界面,可能会同时发生反射和折射现象。但实际上,即便是透明媒介的界面,也可能不发生折射而是全部反射,也就是"全反射"现象。1880年,著名科学家贝尔在实验室中发现了一个有趣的现象,他发现光线能够沿着泻出的弧形水柱传播,且光的传播途径能够随着水柱的曲度而变弯,这个现象就是光的"全反射"。

全反射的物理定义是:"光线从光密媒介射到光疏媒介的界面时,比如从玻璃或者水中射到空气中时,将被全部反射回原媒介的现象。"如图11.10中的虚线所示,根据光的折射定律,如果光从水或玻璃中射向空气,光路将向下偏向密度较大的媒介,光路的折射角也将大于入射角。这时,如果我们调整光路(如旋转箭头所示),使光的入射角逐渐增大到某一特定值时,折射光线将会消失(如实线所示)。因为在这种情况下,光的折射角总是先于入射角增大到90°,而达到90°则意味着光不能再折射到另一种媒介。当这种情况出现时,就意味着即便媒介是透明的,光也将从界面全部反射回原媒介。所以,光线从光密媒介(光速慢、光折射率大)中以超过某临界角度射向光疏媒介(光速快、光折射率小),这既是全反射产生的条件,也是贝尔的实验中水柱能够锁住光线的秘密。

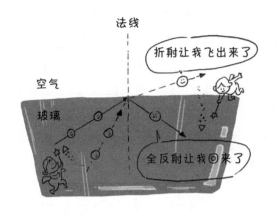

图 11.10　光的全反射的基本原理

由于光是一种具有极高频率的电磁波,每秒可以振动一千万亿次,因此光波非常适合携带信息,传送庞大的数据资料。根据水柱导光现象,人们开始思考:既然水柱能够引导光束,那么,和水一样都是光密媒介,且具有更高透明度的玻璃是否也有全反射现象呢? 对于这个问题,我们可以通过一个实验来验证一下(请参见本书配套慕课视频)。首先,我们需要打开一支绿色(便于观察)激光笔,将一束绿色的激光斜向投射到墙壁上。然后,我们将一根玻璃棒的一端靠近激光笔,可以看到:斜向投射到墙上的激光斑点消失了,反而是玻璃棒的另一端出现了强烈的绿色斑点;在适当的范围晃动玻璃棒,激光的绿色斑点也会随之晃动。这个实验说明:激光是沿着玻璃棒传播的,所以玻璃也具有对光进行全反射的能力。

根据玻璃的全反射特性,细小的玻璃丝就可能成为高速、便捷、成本低廉、信号损失很小的长距离光信息传递介质,这种细丝就是我们熟知的"光纤"。目前,通信用光纤的基本原料主要是廉价的石英玻璃,科学家将它们熔化后拉成直径只有几微米到几十微米的细丝,大概相当于人类头发直径的十分之一,这就构成了全反射的光密媒介部分,也就是光纤的芯(纤芯)。由于空气不稳定且折射率并不足够小,所以并不适合用作全反射的光疏媒介(也就是玻璃丝的外层)。对此,科学家通常会在纤芯外再包上一层折射率比空气小得多(光传播速度较大的光束媒介)的特殊材料,称为包层。这样一来,光就可以在纤芯和包层之间的界面上发生全反射,从而实现光信息的高速、远程传输。光纤诞生后最早被应用在医学诊断领域,由于光纤很细、很软并可以弯曲成任意形状,利用它能探入人体内部进行观察,这就是"光纤内视镜"。利用光纤技术,医生在不需要手术的情况下就可以直接、清楚地了解病人体内的状况,现在甚至还可以进行内视镜微创手术。目前,光纤已被广泛应用在互联网领域,并支持诸如通信、金融、娱乐、医疗等丰富的应用,正是光纤为目前繁荣的互联网应用的发展铺平了道路,如今光纤和全反射仍然在飞速地影响和改变着我们的世界。

值得一提的是:出生于上海的英籍华人科学家高锟博士,在1966年就针对光纤通信的前景发表了具有重大历史意义的论文,同时该论文还分析了过去光纤传输损耗较大的关键原因,使许多科学家在备受鼓舞的同时也看清了改性研究方向。终于,在高锟的启发下,世界上第一根具有实用意义的光纤在1970年诞生于美国康宁玻璃公司,其每千米的传输损耗仅有20 dB,这个结果意味着光纤通信终于有了实现的可能。而高锟则由于其在光学通信领域中有关"光的传输的开创性成就"而获得2009年的诺贝尔物理学奖,并由此被人们称为"光纤之父"。高锟是历史上首位以应用物理学研究荣获诺贝尔物理学奖的科学家,当殊荣在论文发表的43年后姗姗来迟时,当年那位青年才俊已经是轻度阿尔茨海默病缠身的七旬老人。2000年高锟与邓小平一起被《亚洲新闻周刊》评选为"20世纪亚洲风云人物",当时《亚洲新闻周刊》给予高锟的评语是"醉心研究,淡泊名利"。

# 11.3   波动光学

## 11.3.1   光的干涉

波动光学是一门以波动理论研究光的传播及作用的光学分支,其主要包括光的干涉、衍射和偏振等内容,波动光学无论是理论还是应用都在物理学中占有非常重要的地位。

干涉现象是波的最基本特征,在日常生活中,我们就很容易观察到水波所形成的干涉条纹。比如：我们将两块石头同时扔到湖水中，会泛起两个同心圆的波纹，而这些波纹在相遇时会出现波动加强或者减弱的现象，也就是水波的干涉现象。而光的本质既然是电磁波，那么在理论上，两束光波在相遇区域也会形成稳定的、有强有弱的光强分布，从而出现明暗相间的光波干涉条纹。然而，在现实生活中，一方面光波的波长太短（人眼不可分辨的纳米级别）；另一方面，也较难获得完全一样的相干光波，且观测干涉现象需要满足一些特定条件，所以我们平时在普通的灯光下很难直接看到光波的干涉现象。比如，即便我们在一个房间里打开两盏完全相同的灯，我们也绝不会看到有的地方的光会变得特别亮，而有的地方的光则变得比一盏灯还要暗的奇怪现象。可是，光既然是电磁波，就一定会有干涉现象，那么我们究竟要怎样才能观察到光的干涉条纹呢？而这又是关系到光的波动性的关键证据。

针对无法观察到光波的干涉现象的难题，如图 11.11 所示，英国著名物理学家托马斯·杨在 1801 年设计了一个非常巧妙的光学实验。他用强光照射一个非常小的小孔，并以小孔作为点光源发出球面光波（惠更斯原理）。然后，在离开小孔一定距离的地方放置了刻有两条窄缝的遮光板，从而将前面小孔发出的球面波分离开来，以获得两束完全相同的相干光波。当这两束相干光波同时照射到光屏上时，我们就可以观察到明暗相间的光波干涉条纹，这就是著名的"杨氏双缝干涉实验"。在实验中，托马斯·杨用相干光波的叠加原理解释了所看到的光波的干涉现象，同时他还利用自己的相干光波的干涉理论成功地解释了牛顿环的光波干涉现象。此外，托马斯·杨还根据双缝干涉原理设计了新的干涉实验，以测定红光和紫光的波长，并最终计算出它们的波长分别是 650 nm 和 442 nm。1802 年，根据这些实验结果，托马斯·杨发表了著名的论文《光和色的理论》，首次明确指出："宇宙中充满了以太，光是发光体在以太中激起的波动，而光的颜色则取决于光波动的频率。"这个观点虽然很好地揭示了光的波动性，但由于将"以太"作为传播介质，所以托马斯·杨对光本质的认识仍然处于"机械波"而非"电磁波"的阶段。不过无论如何，"杨氏双缝干涉实验"都堪称近代物理最重要的光学实验之一，其不仅成为光的波动说的最有力证据，还为波动学的发展奠定了基础。

**图 11.11 托马斯·杨和"杨氏双缝干涉实验"**

其实,除了典型的"杨氏双缝干涉现象",我们平常在阳光下见到油膜、肥皂泡所呈现的彩色斑纹也是一种光波的干涉现象,而这种现象则一般被称为"薄膜干涉"。通常来说:单色光的干涉图案是明暗相间的条纹;而白光由于包含丰富的色光,所以白光的干涉图案是彩色条纹。但是有一个问题:我们知道干涉条纹一般源自至少两束相干波的叠加,那薄膜干涉的两束相干波来自哪里呢?原来,与双缝干涉不同,油膜浮在水面,会形成与空气接触的上表面以及与水接触的下表面。而薄膜干涉的两束相干光波,就来自薄膜上、下两个表面分别对光波的反射。这两束相干光波在人眼中叠加,有些地方红光得到加强,有些地方绿光得到加强……就这样在人眼中呈现出彩色的干涉条纹。类似的现象还出现在照相机镜头、眼镜镜片的镀膜层上;劈尖和牛顿环等物理实验装置呈现的也是薄膜干涉条纹。

人类对"光的干涉现象"最经典的应用当属"全息照相"。全息照相意为"全部信息的照相",它是由英国物理学家伽柏在1948年首先提出的。全息照相利用相干光的干涉效应,将从物体各点发出的光波的振幅和相位同时如实记录下来,并在观看时利用光的衍射效应重新使光波按照原来的振幅和相位再现。全息照片不仅有明暗之分,而且有三维远近逼真的立体感。全息照片的另一特点是不可复制性。由于拍摄全息照片时记录下来的是高度密集、极其复杂的干涉条纹,其精度高达纳米级别,所以伪造者几乎不可能完整重现出原拍摄场景。因此,全息照片具有无可比拟的防伪功能,而利用这点人们已经发明了"全息防伪术"。可分割性则是全息照片的又一新奇特点,一张全息照片可以按任意形状分割为许多张较小的全息照片,而每张小全息照片都能独立地再现原拍摄场景,其原因是:拍摄时,拍摄物上每一点的信息都由各自发出的子波传递到全息照片上,所以照片上任意一点都曾接收到物体上所有的信息,并以光波干涉条纹的形式记录下来。根据全息照相的可分割性,全息印刷技术和全息信息存储等高科技均已成为现实,并具有普通印刷和存储技术所无法媲美的优越性。此外,全息照片还具有多次记录的特性,即同一底片上可以重复记录许多物体的全息图,因为这种信息记录不会覆盖原有信息,而只是按照"光的干涉原理"改变光波的干涉条纹,理论上两束光波和一百束光波的干涉条纹除了细节并没有本质的区别,而再现时则可同时看到所有物体重叠在一起的原象。

### 11.3.2　光的衍射

根据生活经验,我们会有这样的常规认识:向湖里扔一块小石头会激起环形的水波并逐渐扩散开来,水波如果遇到小树枝等障碍物,将会绕过障碍物继续向前传播;水波如果遇到一个小孔,则会以孔为新波源,形成新的环形波继续向前传播。总之,无论是小障碍物还是小孔,都无法阻碍水波的继续传播,这种行为的本质就是水波的衍射现象。不仅水波,声波也常常体现了较为明显的衍射现象,比如《红楼梦》在《林黛玉进贾府》一回中对王熙凤"未见其人先闻其声"的描写就属于声波的衍射现象;类似的例子还有所谓的"隔墙有耳"等等,总之都是描述声音难以被障碍物阻挡的衍射特性。

与水波和声波相似,作为电磁波的光波在传播过程中,如果遇到小障碍物或小孔,光波将在边界偏离直线传播的路径,绕过障碍物继续传播,这就是光的衍射现象。最早发现光的衍射现象的是意大利物理学家格里马迪,他在1665年观察光线通过圆孔后的强弱分布时,发现光的分布没有截然的边界,不能用当时通行的光的微粒说来解释。后来,如图11.12所示,在麦克斯韦通过他的电磁方程组预言光波是一种电磁波后,人们逐渐意识到可以考虑用光的波动说来解释格里马迪所看到的奇怪现象。1678年,荷兰物理学家惠更斯终于应用波动说最基本的惠更斯原理成功解释了格里马迪的观察结果,这一现象也就因此被命名为"光的衍射"。显然,光的衍射现象的发现源自人们对光的波动说的理解,所以反过来光波具有衍射现象和干涉现象也共同成为光的波动说的最有力证据。

我猜光就是电磁波。

麦克斯韦

图11.12 麦克斯韦通过电磁方程组预言光波是一种电磁波

　　光的衍射效应是否显著,取决于障碍物或者小孔的尺度与光的波长的关系。当障碍物或小孔的尺度比光的波长大很多时,光波的衍射现象不明显,光更多遵循直线传播定律和微粒性,呈现出反射、折射等几何光学现象;但是,当障碍物或小孔的尺度与光的波长接近时,光波的衍射效应就会比较明显。也正因为这个原因,水波和声波等具有较长波长的机械波的衍射现象较为明显,而光波由于波长较短,所以其衍射现象就相对难以观察到。19世纪,人们虽然能够认可光的衍射现象,但在同时解释光的几何和波动特性时遇到了难题。比如:我们都知道衍射意味着光不能沿直线传播,而反射则必须沿直线传播,那么光究竟该不该沿直线传播呢?对于这个问题,一位年轻的军事工程师菲涅耳站了出来,他把波动的周期性相位变化同惠更斯原理结合起来,并用解析的形式进行了精确的表达,得到了"惠更斯-菲涅耳原理"。应用该原理,菲涅耳对光的衍射问题进行了精确的计算,用它终于可以在圆满解释衍射中光路偏折现象的同时,也能很好地解释光的直线传播特性。

　　其实,我们在日常生活中也能够观察到一些光的衍射现象。比如,我们在一个点光源(比如台灯)和墙壁之间放置一个乒乓球,会看到乒乓球在墙上留下的影子边界并不清晰;但是,当乒乓球逐渐靠近墙壁时,我们又会看到乒乓球的影子边界变得逐渐清晰起来。其实,乒乓球的影子是光沿直线传播时被遮挡所形成的;而边界不清晰,则是因为一部分光线在通过乒乓球边界时发生了衍射效应,不再沿直线传播,而是发生了偏折,并到达了乒乓球后面的阴影区域,所以削弱了影子的边界。而当乒乓球靠近墙壁时,偏折的光线不能深入到乒乓球背后的阴影,所以影子边界又会逐渐变得清晰。当类似乒乓球作用的圆形遮挡物足够小时,我们还能看到更加明显的衍射现象。比如,当我们用红色激光照射一个足够小的圆斑时,可以看到一组明暗相间的环形条纹,而且中间有一个亮斑(请参见本书的配套慕课视频)。而这种由单色光照射到小圆斑上,并在后面的屏幕上出现明暗相间环形条纹的图像,就叫作"泊松亮斑"。这种图像产生的原因在于:光波在通过小圆斑时,部分光线在边界发生光路偏折,而另一部分光线继续沿直线传播,这些彼此分离的光波就形成了相干光波,从而会由于光波的叠加而呈现出明暗相间的干涉条纹。又由于光线沿小圆斑边缘呈环形偏折,所以会出现环状干涉条纹;如果我们将圆斑换成细条纹,也可以看到明暗相间的条形干涉图案。当然,只有采用单色光才能看到明暗相间的干涉条纹;如果我们采用白光作为光源,则会看到各种单色分离开来的彩色干涉条纹(类似于薄膜干涉)。以上所说的各种图像虽然表面上看都是光的干涉条纹,但它们产生的根本原因都是部分光波的传播路径发生了偏折(衍射),所以这些现象都属于"光的衍射现象"。

除了以上提到的圆斑和细纹衍射,我们还常常看到:一束光线在经过一个小孔后变为发散状,比如从小窗外射入暗室的发散状光线。这个现象说明:光线在经过一个小孔时,不再沿着直线路径传播,而是发生了偏折。光波的偏折可能形成相干波,进而引发明暗相间的光波干涉条纹。所以可以想象:不仅是圆斑或者细纹,光波在通过小孔时,由于光路偏折也可能出现干涉条纹,而这种现象则叫作"小孔衍射"。小孔衍射的图案与泊松亮斑具有一定的相似性,且它们都是光路的偏折(衍射)所导致的光波干涉现象。

在本节的内容中,我们多次提到了干涉和衍射这两个物理概念,它们好像都与明暗相间的条纹有关,那么这两个概念究竟有什么区别呢? 其实从本质上看,光的干涉与衍射现象都可以通过相干光波叠加的结果予以体现,但区别在于:光的干涉只强调相干光波的干涉效果,其必然产生明暗相间的干涉条纹;而光的衍射则强调光波传播路径的偏折,其可能由于光线偏离直线而进入阴影区域,从而造成"阴影边界不明显"的现象,也可能由于相干光波的形成而导致明暗相间的干涉条纹。所以说:"干涉的重点在于相干光波叠加形成明暗条纹,而衍射的重点则只是光路偏折而非明暗条纹",或者简单地说:光的干涉必然会有明暗条纹,而光的衍射则不一定。

### 11.3.3　光的偏振

根据德布罗意的发现,我们现在已经知道:"光具有波粒二象性。"那么光波究竟是像上下抖动的绳索那样属于横波呢? 还是像疏密传递的声波那样属于纵波呢? 从17世纪到19世纪初,在这漫长的一百多年时间里,相信波动说的人们都将光波与声波相类比,无形中已把光波当作纵波了,惠更斯所提出的波动说也是针对纵波的。1808年,法国物理学家马吕斯首次在实验中观察到了"光的偏振现象"。实验中,马吕斯首先将玻璃片侵染碘后拉伸制成了"特殊的遮光片",然后他隔着两块遮光片去观察太阳,发现当旋转其中一块遮光片时,阳光的强度会出现忽强忽弱的现象。根据这个现象,马吕斯认为这块遮光片就好像有一条可以透光的"狭缝",光波通过后将只在沿狭缝的方向上振动,而当用另一块也有一条"透光狭缝"的遮光片去观察这束处理后的光波时,则会发现光的强度与两条"透光狭缝"间的夹角有关。显然,当夹角为零,也就是两条"透光狭缝"完全重合时,透过光的强度最大;而当两条"透光狭缝"相互垂直时,透过光的强度将最小。由此,马吕斯终于认识到光其实应该是一种横波,且光始终在垂直于传播方向的平面内振动着。

现在,我们已经知道:光波的振动方向不是唯一的,自然光在振动平面内360°的各个方向上都有振动(如图11.13所示),而且振幅是相同的,比如太阳光。但并不是所有的光都是这样,如果一束光波在垂直于传播方向上的振动具有不对称性,也就是有"偏向某个方向的振动",这个现象就叫作光的"偏振"。比如图11.13所示的自然光通过偏振片后只在竖直方向振动。显然,马吕斯所看到的透过两块遮光片后光强发生变化的现象就源自光的"偏振"现象,那块"特殊的遮光片"则是使光线发生偏振的"偏振片";而他所确定的偏振光强度($I$)与偏振角($\alpha$)间变化关系的规律,则被人称为"马吕斯定律",其数学表达式为:

$$I = I_0 \cos^2 \alpha \qquad (11.1)$$

1817年,菲涅耳也独立地领悟到了马吕斯的观点,并运用横波理论成功解释了偏振光的干涉现象;同一年,马吕斯通过研究光在晶体中的双折射现象,也进一步证明了双折射现象其实也源自光的"偏振"。1865年,麦克斯韦则根据所建立的电磁理论从本质上说明了光的偏振现象,明确了光波的振动方向其实是电振动矢量$E$(又叫光矢量),它的振动方向始终和光的传播方向垂直。由此,光的偏振观点终于被人们所认可,而光的偏振现象反过来也有力地证明了"光是一种横波"的结论。

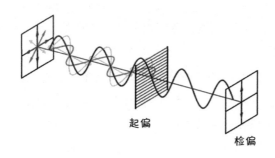

**图11.13　自然光的起偏和检偏**

　　根据光的偏振原理,我们通常采用偏振片的方法来引入偏振效应。如图11.13所示,我们让一束在360°的方向上都有振动的自然光通过一个偏振片,就像过滤一样,偏振片将只允许一个振动方向的光通过,所得到的光就叫作"线偏振光",这个过程则叫作"起偏"。对于线偏振光,如果我们透过具有相同偏振方向的偏振片去观察,就会看到这束线偏振光;但如果偏振片与光的偏振方向相互垂直,我们就不能看到这束线偏振光,这个过程叫作"检偏"。比如:当我们用一块偏振片对着灯光进行观察时,可以看到偏振片里的景象变暗了,也就是所谓的减光效果。这是因为灯光是自然光,在360°的方向上都有振动,而偏振片会滤掉大部分光线,只让一个振动方向的光通过,也就是产生了线偏振光,所以会导致灯光变暗。这个时候,我们如果再用另一个偏振片去观察所产生的线偏振光,就可以看到:当我们旋转后面的偏振片时,灯光有时变亮,有时变暗(请参见本书配套慕课视频)。这是因为,灯光在通过第一个偏振片后就变成了线偏振光,这束线偏振光与后面偏振片的振动方向如果相同,偏振光就能全部通过,让我们看到最亮的灯光;但如果通过旋转,使这束线偏振光与后面偏振片的转动方向刚好垂直,线偏振光就不能通过,所以我们也就几乎看不到灯光了。值得注意的是:光的光矢量包含一切可能方向的振动,且不同方向上的振幅可能不等。因此,除了我们在前面提到的在360°的方向上振幅均等的自然光,以及只在一个方向上有振动的线偏振光,还存在"部分偏振光",其特征是:某一方向的光振动(光矢量)比与之相垂直方向上的光振动占优势,比较典型的部分偏振光包括:圆偏振光和椭圆偏振光。

通常,我们可以根据实际需要来产生线偏振光,或者使线偏振光的方向发生改变,而"法拉第效应"就是改变光的偏振方向的一种手段。1845年的一天,英国著名物理学家法拉第正在做一个光学实验。当时,法拉第通过镜面的反射,将一支蜡烛发出的光变成一束线偏振光,然后法拉第再通过一个检偏镜,来观察这束线偏振光。一开始,由于检偏镜与光的偏振方向相互垂直,偏振光无法通过检偏镜,所以法拉第并不能看到蜡烛的影像;然而,当法拉第将一块玻璃砖放到光的路径上,并通过电磁铁施加一个外加磁场时,原本看不到的蜡烛影像出现了。这个实验说明:外加磁场使玻璃中光的线偏振方向发生了改变,从而通过检偏镜使法拉第看到了蜡烛。法拉第效应是一种典型的磁光效应,其物理表述为:"当光在玻璃等磁光介质中传播时,光的偏振方向会受到磁场的影响,并偏转一定的角度。"由于这个磁光现象是由著名物理学家法拉第在实验中首先发现的,所以被叫作"法拉第效应"。

除了可以应用法拉第效应来改变线偏振光的振动方向,我们还可以根据应用的需要将自然光变为线偏振光。在现实生活中,偏振片是获得线偏振光的最有效途径,而其他能使自然光变成偏振光的方法通常还包括:反射、折射、二向色性、晶体双折射、散射等等。在自然界中,反射和散射算是产生偏振光的最常见途径了。比如在摄影中,我们常常会遇到表面反光的物体,而这些反光其实就是光在界面反射时所产生的线偏振光。因此我们在拍摄时可以选用合适的偏振镜,屏蔽掉这些线偏振光,从而获得更清晰的拍摄效果。拍摄天空时也是同样的道理,由于天空中散射的光线也主要是线偏振光,所以如果我们合理选用偏振镜,就可以拍摄出更加清晰和出彩的景象。如本书配套慕课视频中所示,大概没有人能想到,在白茫茫的天空中,透过偏振片竟能看到湛蓝、深邃的天空;而没有反光的湖水,竟然可以是水晶般地清澈和迷人。同样的道理,在大晴天驾车行驶时,由于光滑物体反光以及空气分子对太阳光的散射,驾驶员眼前可能出现白茫茫的一片亮光。所以,为了保证车辆的行驶安全,驾驶员在这种情况下一般都会选择带上专门屏蔽线偏振光的偏光墨镜。

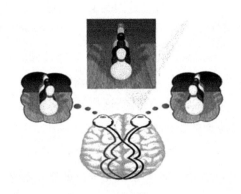

图 11.14 实物在人眼中产生立体效果的原理

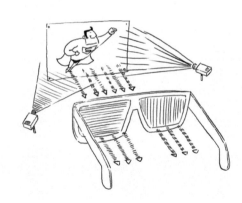

图 11.15 光的偏振在 3D 电影中的应用原理

我们还可以利用光的偏振原理来制作和观看立体电影,也就是 3D 电影。其实,人眼对物体所产生的立体效果,源自两只眼睛看物体时的视角差。如图 11.14 所示,人的左眼和右眼之间有一定的距离,一般是 6 厘米,所以我们在看某个物体时,就会由于左、右眼的不同视角,而导致每只眼睛看到的物体图像略有视角差,当左、右眼有视角差的图像同时叠加在大脑中时,就会产生生动的立体感。有时,我们在网上能看到一些快速抖动的图片会带给我们奇特的立体效果(请参见本书配套慕课视频),就是因为这幅图片是在左眼和右眼视角图像间快速变化,把具有视角差的图像同时叠加在我们的大脑里,从而产生了短暂的立体效果。类似地,之所以有立体声的效果,就是因为有两个音箱;而人之所以能"听音辨位",也是因为有两只耳朵。根据这样的原理,3D电影在拍摄时一般采用两个镜头,分别模拟人的左眼和右眼,从两个不同的视角同时拍摄物体。而在放映时,如图11.15所示,通过两个放映机把略有视角差的图像重叠放映到屏幕上。这时,如果我们用裸眼直接观看电影,每只眼睛都会同时看到左、右眼的视角图像,这会让人感觉模糊不清,也就是3D重影。此时,想要看到清晰的3D影像,我们需要让每只眼睛只能看到一个视角的图像。因此我们还需要在两台放映机前分别放置偏振方向相互垂直的偏振片,首先将图像变为偏振方向刚好相互垂直的线偏振光。然后,再让观众戴上一副特制的偏振眼镜(3D眼镜)。左镜片将只允许左放映机的线偏振图像通过,而右镜片只允许右放映机的线偏振图像通过,这会让左、右视角的图像分别通过左、右眼同时重叠在人的大脑中,从而让人产生一种身临其境的立体效果。

# 参考文献

1. 宋峰. 文科物理——生活中的物理学[M]. 北京:科学出版社,2013.

2. 潘传芳. 人文物理——推动人类文明的物理学[M]. 北京:科学出版社,2010.

3. 赵峥. 物理学与人类文明十六讲[M]. 北京:高等教育出版社,2008.

4. 刘克哲,张承琚. 物理学[M]. 北京:高等教育出版社,2004.

5. 裔式斑. 文科物理[M]. 上海:上海交通大学出版社,2008.

6. 盛正卯,叶高翔. 物理学与人类文明[M]. 杭州:浙江大学出版社,2000.

7. 韩磊. 我的第一本趣味物理书[M]. 北京:中国纺织出版社,2012.

8. 李健,王心华,牛小宁,等. 基础物理实验[M]. 兰州:兰州大学出版社,2012.

9. 倪光炯,王炎森. 文科物理[M]. 北京:高等教育出版社,2005.

10. 何国兴,张铮扬. 文科物理[M]. 上海:东华大学出版社,2006.

11. 刘元冲,白文科,李瑞宏. 听科学家讲故事:变魔法的物理[M]. 杭州:浙江教育出版社,2014.

12. 赵在忠,童培雄,马世红. 文科物理实验[M]. 北京:高等教育出版社,2008.